Miniguide tout terrain

champignons

Traduction et adaptation
de Jean Rovéa

Nathan

Utilisation du code de couleurs

➤ Champignons à tubes, p. 12-29

Champignons pourvus d'un stipe et de tubes comme les cèpes, le Bolet bai, le Bolet rude et le Bolet tomenteux.

➤ Champignons à lames, stipe annelé, p. 30-49

Champignons pourvus d'un stipe annelé et de lames comme les agarics, la Coulemelle, l'Amanite tue-mouches et l'Amanite phalloïde.

➤ Avertissement

Pour le ramasseur de champignons, la plus grande prudence est de rigueur. L'image ne saurait suffire à une détermination certaine. Il faut aussi observer sur le champignon récolté chacun des caractères décrits. D'autre part, de très nombreux champignons ne sont pas présentés dans ce livre. Si on a le moindre doute, il convient de consulter un spécialiste (pharmacien ou mycologue).

Les champignons décrits sont répartis en quatre groupes distingués par des couleurs.

➤ Champignons à lames, stipe sans anneau, p. 50-87

Champignons pourvus d'un stipe sans anneau et de lames, comme les lactaires, les russules, les pleurotes et les coprins.

➤ Autres champignons, p. 88-121

Champignons présentant d'autres formes, comme Amadouvier, sclérodermes, chanterelles, guépinies, Oreille-de-Judas ou clathre.

Explication des symboles

mortel ☠ (rouge)

toxique ☠

non comestible

comestible avec réserves ○

comestible

Morphologie des champignons

Ce que l'on nomme communément champignon n'est que le « carpophore », c'est-à-dire la fructification du mycélium, réseau blanchâtre de filaments microscopiques caché dans le sol ou dans le bois. Le carpophore est en général constitué d'un stipe ancré dans le sol et surmonté d'un chapeau à la face inférieure duquel on trouve l'hyménophore, porteur de l'hyménium, ensemble de cellules fertiles qui produisent les innombrables spores nécessaires à la reproduction.

› Le Rosé-des-prés a un stipe annelé.

À tubes

Il s'agit des champignons, appelés en général bolets, ayant un hyménophore en forme de tubes qui se séparent facilement de la chair du chapeau. Les ouvertures des tubes s'appellent pores. Chez certaines espèces, les pores sont à peine visibles à l'œil nu, chez d'autres, ils sont au contraire très amples. Quelques espèces ont des pores de couleur vive. Le stipe de la plupart des bolets n'a pas d'anneau.

À lames avec anneau

Parmi les champignons pourvus d'un hyménophore lamellé et d'un stipe annelé, on trouve beaucoup de comestibles recherchés comme les agarics et la Coulemelle, mais

Comment récolter

Soit on coupe le champignon au ras du sol avec un couteau (si on le connaît bien !), soit on l'extrait du sol avec précaution en le faisant pivoter, et on rebouche le trou. La cueillette sera transportée de préférence dans un panier nu ; dans les sacs en plastique, les champignons s'abîment très vite.

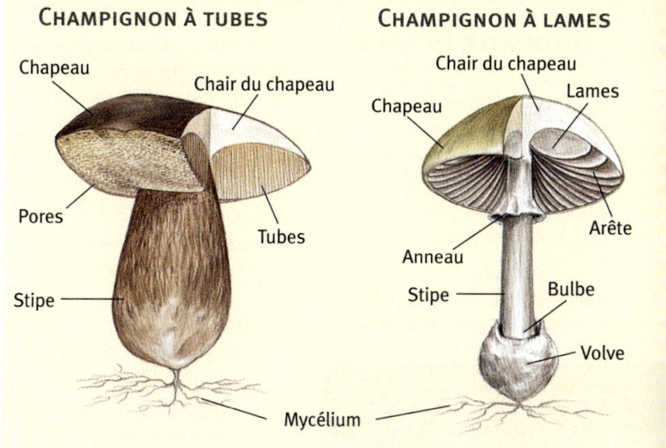

aussi les plus toxiques, du groupe de l'Amanite phalloïde. En général, l'anneau est très visible, mais il peut aussi tomber. Il faut donc tenir compte de tous les autres caractères pour déterminer l'espèce.

À lames sans anneau

La plupart des espèces présentées ici sont des champignons à hyménophore lamellé et sans anneau sur le stipe. C'est là que l'on trouve les groupes les plus nombreux et souvent les plus difficiles à déterminer, par exemple les russules.

Autres formes

Il existe de nombreux champignons qui ne correspondent pas au schéma stipe-chapeau ou dont l'hyménophore n'est pas fait de tubes ou de lames, mais par exemple d'aiguillons comme le Pied-de-mouton. Mentionnons aussi les champignons qui poussent en console sur les arbres ou le bois mort.

Les champignons et la cuisine

On peut conserver un jour au réfrigérateur les champignons frais nettoyés. Il faut faire cuire ou griller tous les champignons comestibles pendant quinze minutes au moins. Ne conserver les plats de champignons qu'au réfrigérateur, mais pas plus de vingt-quatre heures !

Chapeaux et stipes

Le chapeau n'est pas seulement la principale partie comestible du carpophore, il joue aussi un rôle clé pour la détermination de l'espèce. Mais il est, comme le reste du carpophore, très variable. Non seulement il change de forme au cours de la croissance, mais

› L'anneau de la Coulemelle coulisse sur le stipe.

son aspect subit également l'influence de facteurs écologiques et météorologiques. C'est pourquoi on ne doit en aucun cas déterminer un champignon d'après son seul chapeau, mais d'après l'ensemble de ses caractères.

Tubes et lames

L'hyménophore tubulaire ou lamellé du chapeau fournit par sa couleur et sa constitution des éléments caractéristiques pour la détermination de l'espèce. Un autre critère important, surtout pour la distinction de nombreux champignons à lames, est le mode d'insertion des lames sur le stipe (voir page de droite).

Le stipe

Le stipe présente une structure superficielle typique, mais aussi des éléments membraneux souvent très déterminants sous forme d'anneau ou de volve. L'anneau est le reste d'un voile partiel qui enferme l'hyménophore du jeune champignon. Quand le chapeau s'étale, le voile se détache de la marge du chapeau, et le reste forme un anneau sur le stipe. Ce caractère n'est cependant pas très fiable. Par temps sec, l'anneau peut rester accroché au chapeau et non au stipe ou tomber complètement. La base du stipe de certains champignons, par exemple l'Amanite phalloïde, est enveloppée d'une volve (voir croquis p. 5). Lors de la récolte, il faut donc toujours veiller à bien extraire du sol le stipe entier, pour ne pas laisser échapper ce caractère important.

INSERTION DES TUBES ET DES LAMES

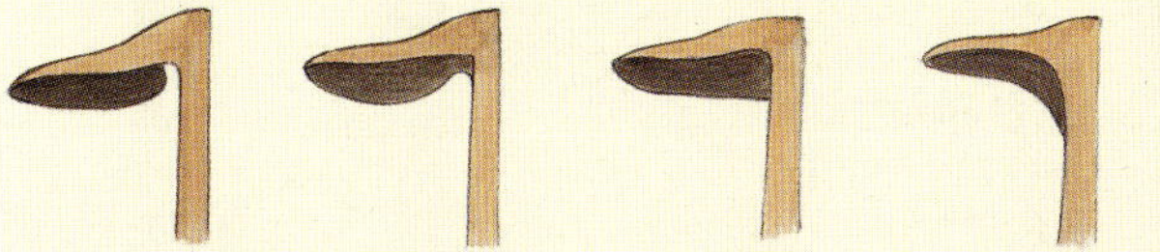

FORME DU CHAPEAU

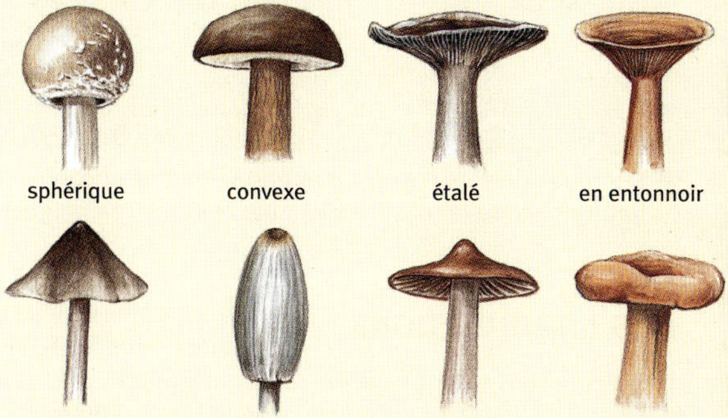

SURFACE DU STIPE

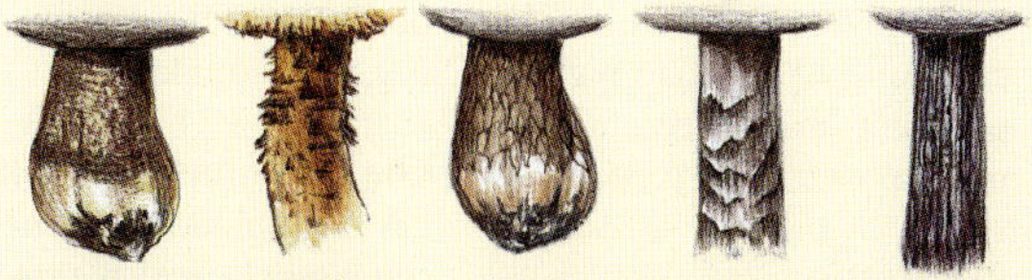

FORME DE L'ANNEAU

› Les ronds de sorcière sont d'impressionnants phénomènes naturels produits régulièrement par certains champignons.

Biologie des champignons

L'existence des champignons dépend d'autres êtres vivants, en général des arbres. La connaissance de ces relations est une aide à la détermination, car beaucoup de champignons poussent exclusivement sous une espèce d'arbre précise.

Association avec les arbres

De nombreux champignons établissent avec certains arbres une relation symbiotique, la mycorhize, dans laquelle le mycélium et la racine de l'arbre échangent des substances vitales. Beaucoup de champignons comestibles recherchés appartiennent à cette catégorie. Certains, comme le Bolet rude, qui pousse sous les bouleaux, sont tributaires de « leur » arbre, d'autres s'associent avec plusieurs espèces d'arbres. C'est ainsi que le Cèpe de Bordeaux peut pousser sous les épicéas et sous les pins.

Champignons saprophytes

Les champignons saprophytes colonisent la matière organique morte, comme le bois mort ou les restes végétaux ou animaux. Par exemple, le Lenzite des clôtures ne pousse que sur le bois mort de conifères.

Parasites

Les parasites tirent leurs nutriments d'un hôte vivant. Les

La conservation des champignons

Les champignons se congèlent bien. Pour cela, les couper en tranches et les emballer par portions à l'état frais, sans les faire blanchir. Pour les faire sécher, les couper en tranches minces, les étaler dans le four entrouvert et les y laisser environ vingt-quatre heures à 40 degrés.

champignons présentés ici sont essentiellement hébergés par des arbres, qu'ils endommagent et font même souvent périr. Beaucoup de champignons parasites, par exemple l'Amadouvier vivace, sont des nuisibles pour la sylviculture.

Ronds de sorcière

Certains champignons forment régulièrement ce que l'on appelle des ronds de sorcière. De nombreux carpophores constituent alors, serrés les uns contre les autres, des cercles plus ou moins fermés. Cela s'explique par le mode de croissance du mycélium : celui-ci part d'un point pour s'étaler dans toutes les directions et forme ses carpophores à l'extrémité.

› Le Cèpe de Bordeaux s'associe à l'épicéa.

› *Sarcoscypha austriaca* est un champignon saprophyte.

› Le Polypore soufré est un parasite.

Description des champignons

Cèpe de Bordeaux

Boletus edulis

ASPECT Chapeau hémisphérique et blanchâtre dans la jeunesse, devenant convexe, brun clair à marron à maturité, jusqu'à 20 cm de diamètre ; revêtement parfois un peu viscidule ; tubes d'abord blanchâtres à blanc grisâtre, puis jaunes à vert olive, ne se tachant pas au toucher ; stipe en général ventru, plus rarement élancé et clavé.

CHAIR Blanche, immuable ; odeur et saveur agréables de noisette.

ÉCOLOGIE Parfois abondant par places, sous conifères, surtout sous épicéas et pins ; apparaît souvent dès juin, présent jusqu'à l'automne.

COMESTIBILITÉ Le Cèpe de Bordeaux, comme les autres cèpes, fait partie des champignons comestibles les plus recherchés.

PARTICULARITÉS
Le tiers supérieur du stipe présente un réseau blanchâtre. Les tubes sont blancs à jaunes, vert olive chez les vieux exemplaires, mais jamais roses comme chez le Bolet amer (cf. p. 16).

Cèpe d'été

Boletus aestivalis

PARTICULARITÉS À la différence du Cèpe de Bordeaux, le Cèpe d'été pousse surtout sous chênes et hêtres. Par temps sec, son chapeau est feutré à granuleux au toucher.

ASPECT Chapeau brun clair à moyen, dépassant rarement 15 à 20 cm, d'abord hémisphérique, puis convexe ; tubes d'abord blanc pur à blanc grisâtre, puis jaune verdâtre à vert olive clair, adnés échancrés ; stipe clavé à ventru, brunâtre pâle, entièrement recouvert d'un réseau étiré.

CHAIR Ferme et blanchâtre à crème, brunâtre seulement sous la cuticule ; odeur et saveur douces, agréables.

ÉCOLOGIE Dès le mois de mai et jusqu'en août, plus rarement en septembre, sous feuillus, surtout chênes et hêtres ; pas rare certaines années.

COMESTIBILITÉ Comme tous les cèpes, celui-ci est un excellent champignon, que l'on peut accommoder de différentes façons et sécher.

Bolet à beau pied

Boletus calopus

ASPECT Chapeau gris clair à ocre-gris, d'abord hémisphérique, puis arrondi en coussin, diamètre jusqu'à 15 cm; cuticule sèche, veloutée feutrée et mate; tubes d'un jaune clair remarquable dans la jeunesse, puis jaune olive à vert olive; stipe ventru à cylindrique, jaune clair réticulé de rouge dans la partie supérieure, en général carmin vif vers le bas.

CHAIR Odeur nulle, blanc jaunâtre, bleuissant légèrement à la coupe; saveur amère.

PARTICULARITÉS
Le Bolet à beau pied se distingue du Bolet Satan par les pores jaunes de son hyménophore.

ÉCOLOGIE De juillet à octobre, surtout en moyenne altitude et en montagne, sous conifères et feuillus, en particulier épicéas, sapins et hêtres; plutôt rare en plaine.

COMESTIBILITÉ Le Bolet à beau pied est non comestible, légèrement toxique à l'état cru, et peut causer des troubles digestifs.

Bolet Satan

Boletus satanas

ASPECT Chapeau jusqu'à 25 cm de largeur, hémisphérique ou en forme de gros coussin, gris clair ou jaune-gris, brun clair avec l'âge, mat et sec au toucher ; tubes jaunes avec des pores en général rouge orangé à carmin, bleuissant au toucher ; stipe très gros, ventru et trapu, d'abord jaunâtre, devenant ensuite carmin dans la partie médiane surmontée d'un réseau jaune.

CHAIR Blanc jaunâtre, bleuissant lentement à la coupe ; odeur nette d'urine dans la jeunesse, puis de charogne chez les vieux exemplaires.

ÉCOLOGIE Dans des milieux chauds sous feuillus, surtout hêtres et chênes ; espèce rare à protéger.

COMESTIBILITÉ Ce champignon spectaculaire est toxique et cause, surtout à l'état cru, de violents troubles digestifs.

PARTICULARITÉS
Le Bolet Satan est la seule espèce des feuillus à avoir à la fois un chapeau blanchâtre, des pores carmin et un stipe carmin seulement à mi-hauteur.

Bolet amer

Tylopilus felleus

ASPECT Chapeau hémisphérique dans la jeunesse, puis pulviné, jusqu'à 10 cm de largeur, brun clair à brun rougeâtre, feutré, à peine viscidule même par temps de pluie ; tubes d'abord d'un blanc sale, devenant roses ou brunâtres à maturité ; stipe élancé, clavé à cylindrique, orné d'un réseau foncé à longues mailles.
CHAIR Blanchâtre, immuable ; odeur agréable, mais saveur horriblement amère.

PARTICULARITÉS
Le Bolet amer adulte a des tubes roses. Son goût amer est déjà sensible à la pointe de la langue posée sur la cuticule.

ÉCOLOGIE Relativement fréquent de juillet à octobre dans la mousse et la litière, surtout sous pins et épicéas.
COMESTIBILITÉ Bien que le Bolet amer contienne des traces de muscarine, il n'est pas vraiment toxique, mais il est horriblement amer. Un seul petit champignon peut rendre tout un repas immangeable.

Bolet bai

Xerocomus badius

PARTICULARITÉS
Ni les tubes très étroits ni le stipe du Bolet bai ne présentent jamais une couleur jaune vif ou rouge.

ASPECT Chapeau de 5 à 15 cm de largeur, hémisphérique bombé, brun foncé, normalement sec velouté, mais viscidule à visqueux par temps humide; tubes très étroits, d'abord jaune clair à blanchâtres, puis plus foncés à vert olive clair, devenant vert-bleu au toucher; stipe brunâtre, de 5 à 8 cm de long, en général cylindrique et élancé, parfois légèrement ventru, à surface veinée à floconneuse.

CHAIR Blanc jaunâtre, bleuissant légèrement à la coupe. Odeur et saveur douces et agréables.

ÉCOLOGIE Fréquent de juin à novembre sous conifères, en général pins et épicéas, rare sous hêtres et chênes.

COMESTIBILITÉ Cet excellent comestible peut être accommodé de toutes les façons et séché. Toutefois, depuis la catastrophe de Tchernobyl, il est chargé de radioactivité dans certaines régions.

Bolet à chair jaune

Xerocomus chrysenteron

ASPECT Chapeau de 3 à 8 cm, de couleur très variable, de brun-jaune à presque noir en passant par olive foncé et brun foncé, cuticule toujours crevassée ; surface feutrée sèche ; tubes étroits, d'abord jaune clair, puis légèrement jaune olive, bleuissant parfois faiblement au toucher ; stipe en général cylindrique, rarement épaissi à la base, teinté de carmin intense.

PARTICULARITÉS
Le Bolet à chair jaune est caractérisé par les crevasses de sa cuticule qui prennent une teinte rougeâtre, son stipe carmin et sa saveur aigrelette.

CHAIR Très molle, bleuissant légèrement à la coupe ; saveur un peu aigrelette, odeur insignifiante.

ÉCOLOGIE De juillet à novembre sous feuillus et conifères ; l'un des bolets les plus fréquents.

COMESTIBILITÉ Ce champignon est comestible. Comme sa chair devient très molle, il est recommandé de consommer des exemplaires jeunes.

Bolet à pied rouge

Boletus erythropus

ASPECT Chapeau d'abord hémisphérique, puis convexe, brun-gris à brun foncé, en général jusqu'à 10 cm de largeur, velouté, un peu viscidule par temps de pluie seulement; tubes jaunes à orifices carmin intense, virant immédiatement au bleu foncé au toucher; stipe cylindrique ou clavé, jaune et ponctué de petits flocons rouges.

CHAIR Jaune à la coupe, virant au bleu foncé en quelques secondes, mais bleuissement régressant après quelque temps; odeur et saveur douces et agréables.

ÉCOLOGIE De mai à octobre sous feuillus, conifères et dans les forêts mixtes; tout à fait fréquent en montagne.

COMESTIBILITÉ Le bleuissement impressionne, mais cette espèce est un bon comestible, à ne pas manger cru.

PARTICULARITÉS
Le stipe présente une surface ponctuée et jamais de réseau, ce qui distingue cette espèce des autres bolets du même groupe.

Bolet blafard

Boletus luridus

ASPECT Chapeau jusqu'à 20 cm de diamètre, sec-velouté, hémisphérique à bombé en coussin, un peu plus clair que celui du Bolet à pied rouge (cf. p. 19) et de couleur brun olive ; tubes jaunâtres à vert olive à orifices rouge vif, olive chez les vieux exemplaires ; stipe ventru à clavé allongé, jaunâtre avec un réseau brun-rouge à mailles étirées.

CHAIR Jaune, bleuissant à la coupe ; odeur et saveur neutres.

ÉCOLOGIE Relativement fréquent de juin à octobre sous feuillus et conifères, souvent aussi dans les jardins et les parcs.

COMESTIBILITÉ Toxique.

PARTICULARITÉS
Cette espèce est caractérisée par un réseau bien net sur le stipe et par une ligne rouge vineux foncé au-dessus des tubes.

Bolet tomenteux

Xerocomus subtomentosus

ASPECT Chapeau brun olive clair, parfois aussi marron, de 5 à 10 cm de largeur, revêtement sec, finement feutré et jamais visqueux; tubes jaune de chrome, remarquablement larges et anguleux, ne bleuissant en général pas au toucher; stipe plein, cylindrique, souvent un peu courbe, brun clair, souvent strié longitudinalement.

CHAIR Blanchâtre à jaune clair et un peu plus ferme que celle du Bolet à chair jaune, ne virant qu'occasionnellement et légèrement au vert-bleu, chair du stipe nettement jaune; odeur et saveurs douces et agréables.

ÉCOLOGIE Espèce fréquente, très répandue sous conifères et feuillus. Aussi dans parcs et jardins. Pousse entre juillet et octobre.

COMESTIBILITÉ Bon comestible savoureux qui peut être accommodé de toutes les façons et séché.

PARTICULARITÉS
La cuticule du Bolet tomenteux est toujours sèche, finement feutrée et ne se craquelle jamais comme celle du Bolet à chair jaune (cf. p. 18).

Bolet rude

Leccinum scabrum

ASPECT Chapeau hémisphérique chez les jeunes, puis pulviné étalé, jusqu'à 12 cm de largeur, présentant différentes teintes de gris ou de brun, plus rarement rougeâtre ou blanchâtre ; revêtement finement feutré et sec, un peu visqueux avec l'âge ; tubes d'abord grisâtres, puis gris foncé à bruns ; stipe cylindrique à clavé, garni de squames blanchâtres ou noirâtres.

CHAIR Blanchâtre, virant souvent au vert-bleu à la base du stipe ; odeur faible, saveur douce.

ÉCOLOGIE De juin à octobre, uniquement sous bouleaux, assez souvent aussi en dehors des forêts.

COMESTIBILITÉ Le Bolet rude est comestible et savoureux surtout à l'état jeune. Toutefois, il vire au gris-noir en cuisant.

PARTICULARITÉS
Ce champignon dont le chapeau peut prendre différentes couleurs pousse exclusivement sous bouleaux. Son stipe présente des squamules claires ou foncées.

Le chapeau du Bolet orangé des chênes *(Leccinum quercinum)* est rouge-brun. Sa chair blanche rougit à la coupe.

Bolet roux

Leccinum versipelle

ASPECT Chapeau orangé à briqueté, encore hémisphérique dans la jeunesse, puis largement pulviné, diamètre jusqu'à 20 cm ; marge excédante, cuticule sèche et finement feutrée, un peu visqueuse seulement après de longues pluies ; tubes à orifices blanchâtres, puis gris ocré ; stipe blanchâtre à squamules brun-noir.

CHAIR Blanchâtre, virant au vert-bleu à la coupe ; odeur et saveur agréables.

ÉCOLOGIE Relativement fréquent de juin à octobre, toujours sous bouleaux.

COMESTIBILITÉ Comme tous les bolets de couleur orangée, cette espèce est un bon comestible. La chair prend toutefois une couleur gris-noir peu engageante à la cuisson, et elle est un peu gluante.

PARTICULARITÉS
Le Bolet roux, qui pousse toujours sous bouleaux, a un stipe nettement garni de squamules noires. Sa base vire au vert-bleu à la coupe.

Bolet livide

Gyrodon lividus

ASPECT Chapeau de 3 à 12 cm de largeur, à marge souvent enroulée dans la jeunesse, puis récurvée, jaunâtre à brun-ocre, brunissant au toucher, sec, parfois viscidule avec l'âge ; tubes très étroits et courts, jaune d'or, puis olive, devenant bleu-noir au toucher ; stipe souvent courbe, concolore au chapeau.

CHAIR Jaunâtre, bleuissant fortement à la coupe ; odeur nulle, saveur acidulée.

PARTICULARITÉS
Les tubes jaunes très courts se détachent difficilement de la chair du chapeau. La cuticule présente souvent de petites fossettes.

ÉCOLOGIE D'août à octobre en terrain marécageux humide, toujours sous aulnes ; relativement rare.

COMESTIBILITÉ Ce champignon longtemps passé pour comestible contient des substances très semblables à celles du Paxille enroulé (cf. p. 63) qui peuvent provoquer des allergies mortelles. Les experts conseillent de ne pas le consommer.

Bolet des bouviers

Suillus bovinus

ASPECT Chapeau brun cuivré, hémisphérique dans la jeunesse, puis pulviné étalé, de 5 à 8 cm de largeur, un peu viscidule à l'état humide, mais à peine gluant; tubes gris jaunâtre, légèrement décurrents, très amples, formant des saillies anguleuses aux orifices, brun cuivré avec l'âge; stipe sans anneau, cylindrique, élancé et à peu près concolore au chapeau.

CHAIR Jaune pâle, devenant légèrement rougeâtre par endroits; odeur et saveur agréables.

ÉCOLOGIE Fréquent de juin à novembre sur sols sableux et marécageux, uniquement sous pins.

COMESTIBILITÉ Ce comestible médiocre n'est utilisable qu'en mélange avec d'autres champignons. Il devient un peu gluant à la cuisson.

PARTICULARITÉS
Le Bolet des bouviers, qui ne pousse que sous pins, est caractérisé avant tout par ses pores amples à saillies anguleuses.

Bolet élégant

Suillus grevillei

ASPECT Chapeau hémisphérique bombé dans la jeunesse, puis pulviné étalé, atteignant jusqu'à 12 cm de diamètre, orange clair à jaune d'or, gluant par temps de pluie; tubes étroits, jaune d'or à jaune olive; stipe concolore au chapeau, cylindrique, pourvu d'un anneau dont les vieux exemplaires ne conservent qu'une zone annulaire.

CHAIR Jaune clair, immuable, très molle avec l'âge; odeur agréable, saveur douce.

ÉCOLOGIE De juin à fin octobre, aussi bien en montagne qu'en plaine, seulement sous mélèzes.

COMESTIBILITÉ La chair du Bolet élégant devenant très molle et n'ayant que peu de saveur propre, il est conseillé de se contenter de jeunes exemplaires en mélange. Retirer la cuticule avant utilisation.

PARTICULARITÉS
Le Bolet élégant, qui ne pousse que sous mélèzes, est reconnaissable à son chapeau et à ses tubes dorés.

Nonnette voilée

Suillus luteus

PARTICULARITÉS
La Nonnette voilée se distingue des autres champignons poussant sous pins aussi bien par sa cuticule brun foncé visqueuse que par son remarquable anneau membraneux.

ASPECT Chapeau brun foncé ou brun chocolat à brun-orange, hémisphérique dans la jeunesse, pouvant atteindre 10 cm de largeur à l'âge adulte, très visqueux surtout par temps humide ; tubes à orifices très fins, jaunes, jaune olive sur les vieux exemplaires ; stipe en général cylindrique, jaunâtre et à ponctuations sombres dans la partie supérieure, recouvert de mucosité en dessous de l'anneau membraneux.

CHAIR Jaune blanchâtre, immuable à la coupe. Odeur et saveur douces et agréables.

ÉCOLOGIE D'août à novembre, seulement sous pins.

COMESTIBILITÉ Les exemplaires jeunes passent depuis toujours pour d'excellents comestibles, mais les vieux exemplaires sont très mous. Retirer la cuticule avant utilisation.

Polypore des brebis

Scutiger ovinus

ASPECT Chapeau de 4 à 10 cm de largeur, lisse, grisâtre ou faiblement gris-violet, pulviné, devenant à maturité jaunâtre, gris clair ou brun foncé, cependant que sa forme devient irrégulière et que sa surface se craquelle ; tubes très courts et étroits, blancs à l'état jeune, puis devenant jaunes ou blanc sale, décurrents ; base du stipe gris-brun à noirâtre chez les exemplaires adultes.

CHAIR Blanche, cassante ; odeur d'amande, saveur agréable et douce.

ÉCOLOGIE Champignon saprophyte fréquent sous conifères de montagne ; de juillet à octobre, souvent en ronds de sorcière.

COMESTIBILITÉ Le Polypore des brebis est utilisé comme bon comestible, mais il peut causer des troubles digestifs à certaines personnes.

PARTICULARITÉS
Le Polypore des brebis, qui ne pousse que sous conifères se distingue des champignons ressemblants par sa chair jaunissante non amère.

> Le Polypore d'hiver *(Polyporus brumalis)*, ressemblant, pousse entre fin octobre et fin mars.

Polypore cilié

Polyporus ciliatus

ASPECT Chapeau peu charnu, brunâtre gris à brun ocracé, diamètre de 2 à 6 cm; revêtement finement feutré, parfois cilié à la marge; tubes blancs, très courts, orifices si fins qu'ils sont à peine visibles à l'œil nu, tubes légèrement décurrents; stipe brunâtre, plein, à surface finement feutrée comme le chapeau.

CHAIR Blanchâtre, odeur faible, coriace à élastique.

ÉCOLOGIE Le Polypore cilié est essentiellement saprophyte, il est fréquent sur le bois mort et pourri de feuillus, surtout sur les souches de hêtre. On le trouve dès le mois de mai et jusqu'en été.

COMESTIBILITÉ Les carpophores du Polypore cilié ne sont pas toxiques, mais ils sont très coriaces et donc inconsommables.

PARTICULARITÉS
Le caractère distinctif le plus frappant du Polypore cilié est constitué par ses pores blancs très fins.

Agaric à pied bulbeux

Agaricus essettei

ASPECT Chapeau blanc, se teintant de jaune de chrome à la pression, d'abord à peu près sphérique, puis étalé en parasol, pouvant dépasser 10 cm de largeur ; lames serrées, d'abord gris clair ou brun-rose clair comme chez tous les agarics, puis brun foncé à presque noires, ne touchant pas le stipe ; stipe cylindrique ou un peu épaissi en bas, pourvu en général d'un bulbe obliquement marginé et d'un anneau descendant.

PARTICULARITÉS
Le chapeau de l'Agaric à pied bulbeux se teinte de jaune de chrome à la pression. Sa chair sent l'anis.

CHAIR Blanchâtre, immuable ; nette odeur d'anis.

ÉCOLOGIE De juin à août sous conifères et dans les forêts mixtes.

COMESTIBILITÉ Comme la majorité des agarics – à l'exception de l'Agaric jaunissant et des espèces apparentées –, l'Agaric à pied bulbeux est un excellent comestible.

› L'Agaric des jachères ou Boule-de-neige *(Agaricus arvensis)*, qui n'a pas de bulbe, est un bon comestible.

Agaric jaunissant

Agaricus xanthoderma

ASPECT Chapeau blanc pur ou blanchâtre, à revêtement lisse, arrondi dans la jeunesse, puis largement ouvert mais restant un peu convexe, jusqu'à 12 cm de largeur. Le chapeau se teinte de jaune à la pression. Lames serrées, d'abord roses, puis brun-noir; stipe relativement élancé, à base bulbeuse et anneau double.

CHAIR Blanche, virant au jaune à la coupe dans le bulbe; odeur désagréable de phénol ou d'encre.

ÉCOLOGIE Saprophyte poussant de mai à octobre dans les prés et les pâturages ainsi que dans les parcs et jardins.

COMESTIBILITÉ L'agaric jaunissant est toxique et provoque de violents vomissements peu après son ingestion.

PARTICULARITÉS
Le jaunissement du bulbe trahit ce champignon toxique – à condition que l'on n'ait pas coupé le stipe trop haut. Une autre caractéristique est son odeur désagréable qui se manifeste au plus tard à la cuisson.

Agaric champêtre | Rosé-des-prés

Agaricus campestris

ASPECT Chapeau à peu près sphérique dans la jeunesse, s'étalant ensuite avec une légère courbure jusqu'à 10 cm de diamètre, blanc pur, immuable (important caractère distinctif par rapport à l'Agaric jaunissant, p. 31) ; lames très serrées, d'abord rose grisâtre, puis brun foncé à presque noires ; stipe relativement court, robuste, souvent légèrement courbe, pourvu d'un anneau membraneux descendant blanc.

CHAIR Blanche, virant légèrement au rougeâtre à la coupe ; odeur agréable.

ÉCOLOGIE Du début de l'été à l'automne dans les prés et les pâturages, souvent en masse, en particulier après les pluies succédant à une période de sécheresse.

COMESTIBILITÉ L'Agaric champêtre est un bon comestible.

PARTICULARITÉS
L'Agaric champêtre se distingue des amanites du groupe de la Phalloïde (cf. p. 44-45) par le fait qu'il pousse dans les prés et par son rougissement à la coupe.

Agaric des forêts

Agaricus silvaticus

ASPECT Chapeau dépassant rarement 10 cm de largeur, arrondi et enroulé dans la jeunesse, puis légèrement convexe à aplati, brun, recouvert de squames fibrilleuses sombres ; lames serrées, d'abord très claires à grises, puis brun chocolat ; stipe blanc, parfois légèrement squamuleux ou floconneux, jusqu'à 12 cm de hauteur, cylindrique, légèrement épaissi en bulbe à la base et pourvu d'un large anneau descendant.

CHAIR Blanche, virant lentement au rouge sang à rouge vineux à la coupe ; odeur faible, saveur douce.

ÉCOLOGIE À partir du début de l'été, en groupe sous conifères sur sol calcaire, parfois aussi sous hêtres.

COMESTIBILITÉ L'Agaric des forêts est un comestible de bon rendement et savoureux.

PARTICULARITÉS
La chair qui rougit fortement dans toutes les parties du carpophore est caractéristique de l'Agaric des forêts.

Strophaire à anneau rugueux

Stropharia rugosoannulata

ASPECT Chapeau de 5 à 15 cm de largeur, d'abord bombé, puis conique à étalé, brun-jaune à marron ou brun-rouge, revêtement brillant, en général sec, mais pouvant devenir viscidule par temps humide ; lames adnées, violet-gris pâle, gris-noir avec l'âge ; stipe blanc dans sa partie supérieure, jaunissant vers le bas, robuste, jusqu'à 15 cm de hauteur et 2,5 cm de diamètre, portant un large anneau blanchâtre.

CHAIR Blanche, immuable ; inodore, saveur un peu terreuse.

ÉCOLOGIE À la fin de l'été dans les champs après la récolte, toutefois très rare dans la nature. Ce champignon se cultive facilement sur balles de paille et est commercialisé sous le nom de Strophaire.

COMESTIBILITÉ Comestible pouvant être accommodé de différentes façons.

PARTICULARITÉS
Le large anneau blanc de ce champignon est coloré en gris-noir avec l'âge par les spores qui tombent.

Pholiote dorée

Phaeolepiota aurea

PARTICULARITÉS
Le remarquable anneau de la rare Pholiote dorée n'apparaît que lorsqu'il s'est détaché du bord du chapeau.

ASPECT Chapeau doré, sec et finement granuleux, de 5 à 25 cm de largeur, d'abord sphérique et longtemps enfermé dans un voile, puis largement étalé ; lames serrées, jaune roussâtre à roussâtres, libres ; stipe pouvant dépasser 20 cm de hauteur, granuleux en dessous de l'anneau brun-jaune, concolore au chapeau.

CHAIR Blanchâtre à jaunâtre ; odeur agréable et légère de farine, saveur fongique douce à intense.

ÉCOLOGIE De septembre à novembre ; saprophyte grégaire au bord des chemins, sur les berges herbeuses, souvent dans les orties, plus rarement sous feuillus et conifères, dans les jardins et les parcs ainsi que sur les entrepôts de bois.

COMESTIBILITÉ Il faut s'abstenir de cueillir ce champignon, bien qu'il soit comestible, à cause de sa rareté.

> Les coprins sont caractérisés par la déliquescence des lames de nombre d'espèces à maturité, comme ici chez le Coprin chevelu.

Coprin chevelu

Coprinus comatus

ASPECT Chapeau typiquement ovoïde à campanulé, fortement squamuleux, pouvant atteindre 10 cm de hauteur, blanc dans la jeunesse, se colorant de brunâtre au sommet; lames serrées, d'abord blanches, puis roses, puis noircissant à partir de la marge, et enfin déliquescentes; stipe creux, à structure fibreuse, pourvu assez bas d'un anneau mobile qui tombe rapidement.

CHAIR Blanche et tendre, odeur et saveur agréables et douces.

ÉCOLOGIE De juin à novembre dans les prés, les pâturages, au bord des chemins et dans les jardins; fréquent, souvent même abondant.

COMESTIBILITÉ Bon comestible jeune. Mais quand les lames noircissent, les champignons se liquéfient rapidement et ne sont plus consommables.

PARTICULARITÉS
La forme ovoïde à cylindrique du chapeau et son revêtement blanc squamuleux permettent une détermination certaine du Coprin chevelu.

Armillaire couleur de miel

Armillaria mellea

ASPECT Chapeau d'abord arrondi à marge enroulée, puis étalé mais encore convexe; revêtement jaune de miel à brunâtre à squamules labiles; lames blanc crème à incarnat, adnées; stipe élancé à anneau cotonneux à laineux. Nombreux stipes partant en touffe d'un même point ou très rapprochés.

CHAIR Brunâtre; presque inodore, saveur désagréable après une longue mastication, chair du stipe coriace.

ÉCOLOGIE Parasite sur bois vivant ou saprophyte sur bois mort; de septembre à novembre.

COMESTIBILITÉ Espèce considérée comme bon comestible par la plupart des ramasseurs. Ce champignon est toutefois légèrement toxique cru et peut causer des troubles digestifs quand il est cuit.

PARTICULARITÉS
Les squamules labiles et l'anneau cotonneux ou laineux caractérisent ce champignon souvent très abondant en automne.

Galère marginée

Galerina marginata

ASPECT Chapeau mince, glabre et lisse, dépassant rarement 3 cm de largeur, d'abord arrondi bombé, puis aplati, brun de miel à l'état humide, devenant par le sec brun jaunâtre clair à partir du sommet; lames adnées, d'abord brunâtre pâle, brun rouille à maturité; stipe brunâtre et lisse au-dessus de l'anneau, qui est fugace, brun foncé et fibrilleux à floconneux en dessous.

CHAIR Jaune d'ocre à brunâtre, nette odeur de farine.

ÉCOLOGIE Dès juillet, mais en général d'août à novembre sur bois mort de conifères, très rarement sur bois de feuillus.

COMESTIBILITÉ La Galère marginée contient de l'amanitine, la toxine de l'Amanite phalloïde, et peut provoquer des intoxications mortelles.

PARTICULARITÉS
Même si la Galère marginée pousse en groupes très denses, ses pieds sont toujours séparés. Sa nette odeur de farine est un autre signe distinctif.

› La Pholiote changeante, comestible, peut pousser à côté de la Galère marginée, mortelle (champignons foncés à droite).

Pholiote changeante

Kuehneromyces mutabilis

ASPECT Chapeau de 3 à 6 cm de largeur, bombé, brun de miel à l'état humide, pâlissant à partir du sommet par le sec ; revêtement lisse, finement squamuleux à la marge au début ; lames serrées, cannelle, adnées ; stipe élancé, brun clair au-dessus de l'anneau qui est net, brun foncé et squamuleux en dessous.

CHAIR Brunâtre, fibreuse dans le stipe ; odeur et saveur agréables et douces.

ÉCOLOGIE De mai à octobre, fréquent ; saprophyte poussant presque exclusivement sur bois mort de feuillus, rarement sur conifères.

COMESTIBILITÉ Les chapeaux de la Pholiote changeante sont bons. Mais étant donné le risque de confusion avec la Galère marginée, ne les cueillir que si l'on est un mycologue expérimenté.

PARTICULARITÉS
La Pholiote changeante se distingue de la Galère marginée surtout par sa croissance en touffe, son anneau plus consistant et l'absence d'odeur de farine.

Pholiote ridée

Rozites caperatus

ASPECT Chapeau charnu, brun de miel clair, d'abord hémisphérique, rapidement convexe à presque plat, même plus ou moins étalé par la suite, jusqu'à 10 cm de largeur ; les jeunes exemplaires sont couverts d'un givre détersile lilas clair à argenté ; lames paraissant un peu ridées, serrées, brunâtre clair ; stipe jusqu'à 15 cm de hauteur, brun clair, plein, portant un anneau membraneux étroit.

CHAIR Blanche à marbrée de brunâtre ; odeur et saveur agréables et douces.

ÉCOLOGIE De juillet à octobre, surtout sous épicéas et pins et au voisinage des myrtilles, plus rarement sous feuillus ; souvent grégaire.

COMESTIBILITÉ Ce champignon relativement fréquent fait partie des comestibles les plus savoureux et abondants.

PARTICULARITÉS
Caractérisé par ses lames café au lait et le givre lilas sur le chapeau. Son stipe annelé le distingue du Cortinaire à odeur de poire (cf. p. 71).

Lépiote à lames fourchues

Echinoderma asperum

ASPECT Chapeau charnu, aplati à maturité, jusqu'à 10, parfois 15 cm de largeur, brunâtre clair; cuticule souvent déchirée et presque toujours garnie de remarquables écailles brun foncé, coniques à pointues; lames blanches, très serrées, libres; stipe cylindrique, jusqu'à 10 cm de hauteur. En dessous de l'anneau membraneux, blanchâtre sur la face supérieure et non mobile, le stipe est concolore au chapeau et écailleux.

CHAIR Molle et blanche, odeur de gaz remarquable. Il est déconseillé de la goûter.

ÉCOLOGIE D'août à octobre en forêt sous conifères et feuillus, dans les parcs et jardins; pas rare par endroits.

COMESTIBILITÉ Assez toxique.

PARTICULARITÉS
Espèce caractérisée non seulement par les écailles brunâtres de son chapeau, mais aussi par ses lames blanches fourchues et extrêmement serrées, et par son odeur de gaz.

> La Lépiote mamelonnée *(Macrolepiota mastoidea)* a le stipe lisse et une cuticule à peine squamuleuse.

Coulemelle | Lépiote élevée

Macrolepiota procera

Aspect Chapeau blanchâtre à brun clair, jusqu'à 25 ou 30 cm de largeur, d'abord sphérique, puis convexe ou étalé, toujours garni d'écailles grossières et pourvu d'un mamelon foncé au centre; lames blanches, très serrées; stipe élancé, pouvant atteindre jusqu'à 40 cm de hauteur, chiné de brun-gris, à anneau coulissant.

Chair Blanchâtre, molle à friable; odeur et saveur aromatiques de noisette, mais le stipe est coriace et dur, immangeable.

Particularités
Le stipe chiné à anneau double mobile distingue la Coulemelle d'autres macrolépiotes ressemblantes.

Écologie De juillet à octobre dans les forêts claires, surtout sous feuillus et en lisière; très fréquente.

Comestibilité La coulemelle fait partie des comestibles les meilleurs et les plus aromatiques. On peut la manger panée et grillée. Mais il ne faut pas la consommer crue sous peine de troubles digestifs.

Lépiote déguenillée

Macrolepiota rhacodes

ASPECT Chapeau jusqu'à environ 15 cm de largeur, très grossièrement écailleux, brunâtre, sphérique dans la jeunesse, puis convexe et finalement étalé ; lames blanchâtres, libres, se teintant de rougeâtre au toucher ; stipe élancé, jusqu'à 15 cm de hauteur, élargi en bulbe à la base, pourvu d'un anneau double, presque lisse, pas chiné et blanchâtre à ocre.

CHAIR Blanche, virant au rougeâtre ou au safran à la coupe ; odeur et saveur agréables, mais le stipe est très dur et donc immangeable.

ÉCOLOGIE Fréquente de juillet à octobre sous conifères.

COMESTIBILITÉ Le chapeau de la Lépiote déguenillée est comestible et digeste, savoureux grillé. La forme *hortensis* des parcs et des jardins est toxique.

PARTICULARITÉS
La Lépiote déguenillée n'a pas de mamelon distinct au milieu du chapeau, et son stipe n'est pas chiné, mais presque lisse.

Amanite phalloïde

Amanita phalloides

Aspect Chapeau vert olive ou vert blanchâtre, étalé chez les exemplaires pleinement développés, jusqu'à 15 cm de diamètre ; lames serrées, toujours blanc pur, libres ; stipe élancé, chiné comme une peau de serpent, pourvu d'un anneau descendant accroché très haut et d'un bulbe entouré d'une volve membraneuse à la base.

Chair Blanche ; odeur en général légèrement douceâtre à miellée.

Écologie Relativement fréquente de juillet à octobre dans les forêts de feuillus, surtout sous chênes, plus rarement sous hêtres.

Comestibilité Un tout petit exemplaire de ce champignon le plus toxique d'Europe suffit à tuer un adulte. Ses toxines, surtout l'amanitine, ne sont détruites ni par la cuisson ni par le séchage.

Particularités
Comme chez toutes les *Phalloideae* extrêmement toxiques, cette espèce a un bulbe entouré d'une volve membraneuse.

› La base du stipe entourée d'une volve, caractéristique des *Phalloideae*, est souvent cachée dans le sol.

Amanite vireuse

Amanita virosa

ASPECT Chapeau blanc immaculé, légèrement jaunâtre au milieu, ovoïde dans la jeunesse, puis conique à bombé, mais jamais tout à fait plat, jusqu'à 10 cm de largeur; cuticule souvent assez viscidule; lames serrées, toujours d'un blanc pur et libres; stipe droit, blanc pur, entouré d'un anneau, en dessous duquel il est laineux-écailleux; base du stipe bulbeuse avec une volve en sac blanche.

CHAIR Blanche; légère odeur douceâtre de miel chez les vieux exemplaires.

ÉCOLOGIE D'août à octobre sous conifères, surtout en montagne; localement fréquente.

COMESTIBILITÉ Fait partie, comme sa cousine verte, des champignons les plus dangereux de tous. La consommation de petites quantités est déjà mortelle.

PARTICULARITÉS
Les lames de ce champignon toxique sont, comme chez toutes les espèces du groupe, toujours blanc pur, jamais grises, brunes ou roses comme chez les agarics.

› L'Amanite des Césars *(Amanita caesarea)* a une volve membraneuse à la base du stipe, ses lames et son stipe sont jaunâtres.

Amanite tue-mouches

Amanita muscaria

ASPECT Chapeau hémisphérique dans la jeunesse, rouge vif, garni de restes floconneux labiles du voile blanc ; étalé chez l'adulte, jusqu'à 15 cm de diamètre ; lames serrées, blanc pur, libres ; stipe élancé, à anneau descendant, base élargie en un bulbe bordé de restes de voile.

CHAIR Blanche, teintée de jaune citron sous la cuticule seulement ; inodore.

ÉCOLOGIE D'août à novembre sous conifères et feuillus, avec une prédilection pour l'épicéa et le bouleau ; fréquente.

COMESTIBILITÉ Ni le retrait de la cuticule ni la cuisson ne font disparaître les toxines de cette espèce, qui n'est toutefois pas mortelle.

PARTICULARITÉS
Si la pluie a fait disparaître les flocons blancs, le stipe annelé et la chair jaune citron sous la cuticule permettent de distinguer les jeunes Amanites tue-mouches des russules rouges (cf. p. 86-87).

> L'anneau strié permet de distinguer la Golmotte de l'Amanite panthère, toxique, dont l'anneau est lisse.

Amanite rougissante | Golmotte

Amanita rubescens

ASPECT Chapeau de 5 à 15 cm chez l'adulte, brun jaunâtre ou rose pâle à rouge-brun foncé, garni de nombreux restes de voile gris rougeâtre, qui peuvent être enlevés par la pluie; lames serrées, d'abord blanches, puis tachées de rougeâtre; stipe robuste, cylindrique, bulbeux à la base, finement floconneux en dessous de l'anneau strié.

CHAIR Blanchâtre, se teintant lentement de rougeâtre à la coupe; odeur agréable et douce, saveur d'abord douceâtre, un peu désagréable avec l'âge.

ÉCOLOGIE De juin à octobre sous feuillus et conifères; fréquente.

COMESTIBILITÉ Du fait du risque de confusion avec des amanites toxiques comme l'Amanite panthère (cf. p. 48), seuls les connaisseurs bien expérimentés devraient cueillir ce bon comestible.

PARTICULARITÉS
Les teintes rougeâtres de la Golmotte, sa chair rougissante et son anneau strié permettent une identification sûre.

Amanite panthère

Amanita pantherina

Aspect Chapeau brun-gris à brun-jaune, couvert de flocons de voile blancs détersiles, diamètre de 5 à 10 cm ; marge des exemplaires adultes souvent striée, mais pas toujours ; lames serrées, blanches ; stipe élancé, blanc, pourvu d'un anneau à surface lisse. À la base, le stipe s'élargit en un bulbe à marge abrupte.

Chair Blanche, immuable à la coupe ; absolument inodore.

Particularités
L'anneau à surface lisse de la très toxique Amanite panthère la distingue d'autres amanites ressemblantes, mais comestibles.

Écologie De juillet à octobre sous conifères et feuillus, avec une prédilection pour ces derniers et pour les sols sableux ; fréquente par endroits.

Comestibilité Les effets toxiques de l'Amanite panthère (sensations d'ivresse et de vertiges) se font sentir peu de temps après l'ingestion. Ils sont semblables à ceux de l'Amanite tue-mouches, mais peuvent entraîner la mort.

› Les jeunes Amanites épaisses peuvent ressembler à s'y méprendre à de jeunes Amanites panthère. Il faut donc s'abstenir de les cueillir.

Amanite épaisse

Amanita spissa

ASPECT Chapeau gris clair à brun-gris, atteignant 5 à 12 cm de diamètre; sphérique à hémisphérique dans la jeunesse, puis étalé, garni de flocons et de plaques vélaires détersiles; lames blanches, serrées; stipe finement floconneux en dessous de l'anneau, qui est strié, se teintant de gris ou de brunâtre avec l'âge.

CHAIR Blanche, se teintant de brun, grise sous la cuticule; odeur de radis ou de rave, saveur douce.

ÉCOLOGIE De juin à octobre surtout sous conifères, rarement sous feuillus; fréquente par endroits.

COMESTIBILITÉ Espèce comestible, mais de qualité médiocre. Du fait du grand risque de confusion avec l'Amanite panthère, il ne faut pas le cueillir si on n'est pas un connaisseur averti.

PARTICULARITÉS
Le stipe de l'Amanite épaisse s'épaissit progressivement au niveau du bulbe, son anneau est strié longitudinalement et la marge du chapeau est lisse.

Tricholome de la Saint-Georges

Calocybe gambosa

ASPECT Chapeau blanc crème, rarement brunâtre ou jaunâtre, d'abord convexe, puis étalé, charnu, jusqu'à 10 cm de diamètre ; cuticule mate et sèche, marge longtemps enroulée ; lames étroites, serrées, blanchâtres ; stipe cylindrique, blanchâtre à crème pâle.
CHAIR Blanc crème ; odeur et saveur fortement farineuses.
ÉCOLOGIE D'avril à juin avec une prédilection pour les prairies naturelles, également dans les jardins, les parcs et les forêts de feuillus, plus rarement dans les plantations d'épicéas. Forme souvent des ronds de sorcière.
COMESTIBILITÉ Le Tricholome de la Saint-Georges, qui pousse tôt au printemps, est apprécié comme bon comestible dans certaines régions, mais son goût un peu prononcé ne plaît pas à tout le monde.

PARTICULARITÉS
Ce champignon précoce est facile à reconnaître grâce à sa couleur blanc crème uniforme et à sa forte odeur de farine.

Inocybe à lames terreuses

Inocybe geophylla

ASPECT Chapeau d'abord ovoïde, puis conique à campanulé avec un mamelon net, en général blanc pur, rarement jaune de paille ou violet, n'atteignant que 2 à 3 cm de largeur, revêtement soyeux ; lames serrées, un peu échancrées, blanches dans la jeunesse, d'un brun terreux à maturité ; stipe creux, souvent courbe, d'un blanc pur et fibrillo-floconneux, souvent jaunâtre à la base.

CHAIR Chair blanche à odeur de pâte levée fraîche.

ÉCOLOGIE De mai à novembre sous conifères et feuillus, mais aussi au bord des chemins et des routes ; très fréquent.

COMESTIBILITÉ Comme quelques autres inocybes très ressemblants, celui-ci a une forte teneur en muscarine et il est très toxique.

PARTICULARITÉS
L'Inocybe à lames terreuses est le plus gracile des inocybes à chapeau blanc. En outre, il est le seul inocybe qui puisse avoir aussi le chapeau violet.

> L'Amanite vaginée ou Grisette *(Amanita vaginata)* est également comestible après une cuisson suffisante.

Amanite fauve

Amanita fulva

Aspect Chapeau peu charnu, de 3 à 8 cm de largeur, brunâtre à brun-rouge, à marge plus claire nettement cannelée ; ovoïde à hémisphérique et entièrement enveloppé dans une volve membraneuse dans la jeunesse, puis étalé à aplati ; lames blanches, libres ; stipe blanchâtre, élancé, presque lisse, parfois finement floconneux, toujours entouré d'une volve membraneuse à la base.

Chair Blanche, tendre et fragile ; odeur et saveur discrètement douces.

Écologie De juillet à octobre sous conifères, de préférence sur sols marécageux ; largement répandue et fréquente.

Comestibilité Bien cuite, l'Amanite fauve est comestible, mais pas particulièrement recommandée. En revanche, elle est indigeste à l'état cru.

Particularités
L'absence d'anneau, la volve remarquable à la base du stipe et le chapeau nettement cannelé sont caractéristiques de cette amanite.

Pied bleu

Lepista nuda

ASPECT Chapeau remarquablement violet, un peu brunâtre avec l'âge, pâle par temps sec, atteignant 12 à 15 cm de diamètre, revêtement glabre et sec; lames violettes, adnées-échancrées; stipe en général violet comme le chapeau, grossièrement floconneux à fibrilleux, parfois élargi en massue à la base.

CHAIR Violette jeune, puis plus pâle; odeur et saveur aromatiques et douceâtres caractéristiques.

ÉCOLOGIE Rarement dès le mois de mai, habituellement de mi-septembre à novembre en forêt, où il pousse en grandes quantités.

COMESTIBILITÉ Comestible, mais son goût douceâtre ne plaît pas à tout le monde. Son arôme prononcé le rend plutôt impropre aux mélanges. À ne pas consommer cru.

PARTICULARITÉS
Les lames d'un violet soutenu qui ne virent pas au brun constituent un caractère fiable du Pied bleu, qui pousse toujours en ronds de sorcière.

Clitopile petite prune | Meunier

Clitopilus prunulus

ASPECT Chapeau de 5 à 12 cm de largeur, charnu, gris blanchâtre, d'abord hémisphérique, puis convexe, rarement étalé, souvent creusé en entonnoir à maturité ; lames blanc crème, rose pâle ou brunâtres, très minces, longuement décurrentes (alors qu'elles sont adnées chez les clitocybes toxiques ressemblants) ; stipe blanc, feutré en bas.

CHAIR Blanchâtre, molle et friable ; odeur et saveur fortes de farine.

ÉCOLOGIE De juillet à octobre sous feuillus et conifères ; fréquent.

COMESTIBILITÉ Le Clitopile petite prune est certes comestible, mais une bonne connaissance des champignons est nécessaire pour le récolter sans risque de confusions avec des clitocybes très toxiques.

PARTICULARITÉS
Le Clitopile petite prune se caractérise par sa nette odeur de farine. Ses lames sont très molles et fragiles et pas aussi élastiques que celles des clitocybes blancs très toxiques qui lui ressemblent.

Lyophylle conné

Lyophyllum connatum

PARTICULARITÉS
Ce champignon qui pousse toujours en touffes denses se distingue par ses lames blanc crème et une odeur rance et acidulée.

ASPECT Chapeau blanc, gris à l'état imbu, jusqu'à 10 cm de largeur, marge d'abord enroulée, puis irrégulièrement ondulée chez les vieux exemplaires; lames serrées, blanches à crème, adnées ou légèrement échancrées; stipe élancé, d'abord blanc, jaunâtre à maturité, à la surface légèrement fibrilleuse.

CHAIR Chair blanche remarquablement fragile. Saveur de farine et odeur acidulée frappante.

ÉCOLOGIE D'août à octobre dans des lieux herbeux humides, sur les berges de ruisseau mais aussi sur les chemins empierrés en forêt de feuillus et de conifères; souvent en grande quantité.

COMESTIBILITÉ Ce lyophylle a toujours été considéré comme comestible. Cependant, il contient des substances qui peuvent causer des dommages génétiques et il est donc à rejeter.

Collybie beurrée

Collybia butyracea

ASPECT Chapeau arrondi, puis aplati, jusqu'à 6 cm de largeur, peu charnu, revêtement lisse et luisant, en général marron rougeâtre, s'éclaircissant à l'état sec ; lames blanc pur à blanc sale, échancrées-adnées, arête érodée ; stipe de couleur rougeâtre comme le chapeau et fortement strié longitudinalement, un peu épaissi à la base où il est couvert d'un feutre blanc remarquable, creux avec l'âge.

CHAIR Blanchâtre, de consistance cartilagineuse ; odeur tout à fait agréable et saveur douce.

ÉCOLOGIE De juillet à décembre sous conifères et feuillus ; grégaire, formant souvent des ronds de sorcière.

COMESTIBILITÉ La Collybie beurrée est certes inoffensive, mais n'a aucun intérêt culinaire.

PARTICULARITÉS
Le revêtement luisant à l'aspect gras de son chapeau marron a donné son nom à la Collybie beurrée. Elle forme souvent des ronds de sorcière.

Le stipe de la Collybie guêtrée est nettement poilu dans sa moitié inférieure.

Collybie guêtrée

Collybia peronata

ASPECT Chapeau brun rougeâtre pâle, peu charnu et aplati, atteignant 3 à 6 cm de largeur, revêtement en général sec et mat, marge légèrement incurvée; lames remarquablement épaisses, écartées, jaune d'ocre, en général adnées-échancrées; stipe brun-jaune pâle, poilu en bas, un peu élargi à la base, qui porte un feutre blanc à jaune.
CHAIR Blanc jaunâtre, coriace; odeur agréable, mais sensation brûlante sur la langue au bout d'un moment.
ÉCOLOGIE De juin à novembre, souvent abondante sous conifères et feuillus; saprophyte poussant parfois en touffes sur la litière humide d'aiguilles ou de feuilles.
COMESTIBILITÉ Sa chair qui devient brûlante rend ce champignon immangeable.

PARTICULARITÉS
La chair de ce champignon est d'abord douce, mais devient soudainement brûlante au bout d'un moment. Cette sensation persiste longtemps sur la langue et sur le palais.

> Le suc blanc qui sort de son stipe est un caractère manifeste de la Mycène à lait blanc.

Mycène à lait blanc

Mycena galopus

Aspect Ce petit champignon ne dépasse pas 1 à 2 cm de largeur, mais il est remarquable par son chapeau campanulé ; celui-ci est gris brunâtre et strié radialement ; lames blanches, peu serrées, échancrées ; stipe très mince, lisse, brun-gris comme le chapeau, laissant échapper du lait en cas de blessure, surtout à sa base feutrée de blanc.

Chair Gris blanchâtre, tendre et fragile ; odeur presque nulle.

Écologie De juillet à novembre sous conifères et feuillus ; espèce très fréquente. Saprophyte poussant sur le bois mort ou sur le sol, comme toutes les mycènes.

Comestibilité Comme les autres mycènes, dont plus de 100 espèces poussent en Europe et se ressemblent beaucoup, celle-ci n'est pas comestible.

Particularités
La Mycène à lait blanc est la seule espèce fréquente du genre dont le stipe laisse échapper un lait blanc en cas de blessure.

› Le Marasme des oréades *(Marasmius oreades)* a un stipe flexible et résistant, plus clair que le chapeau, souvent même blanc.

Marasme alliacé

Marasmius scorodonius

ASPECT Chapeau diaphane, ocre pâle, ne dépassant pas 1 à 2 cm de largeur, revêtement ruguleux-ridé et un peu strié ; aplati et souvent irrégulièrement ondulé chez les vieux exemplaires ; lames typiques des marasmes, blanches, espacées, très larges et adnées-échancrées ; stipe de 3 à 6 cm de longueur, lisse, brun-rouge, presque toujours plus foncé que le chapeau.

CHAIR Blanche ; odeur très nette d'ail, saveur relativement piquante.

ÉCOLOGIE Exclusivement sous conifères, de juin à novembre parmi les épicéas et les pins, poussant sur les aiguilles tombées.

COMESTIBILITÉ Le chapeau peu charnu est souvent utilisé comme condiment. L'arôme d'ail n'est pas détruit par la cuisson ni par le séchage.

PARTICULARITÉS
Champignon à stipe mince caractérisé par sa remarquable odeur d'ail et le fait qu'il pousse sur la litière d'aiguilles.

› Le Laccaire laqué *(Laccaria laccata)*, de forme très ressemblante, est de couleur alutacée, rose ou incarnat clair.

Laccaire améthyste

○

Laccaria amethystina

ASPECT Chapeau peu charnu, d'une couleur lilas remarquable, pouvant fortement pâlir par le sec, de 3 à 5 cm de diamètre, à marge enroulée et revêtement squamuleux ; irrégulièrement ondulé à maturité, un peu déprimé au centre ; lames épaisses, violet vif, espacées, alternant avec de petites lamellules près de la marge ; stipe élancé et fibrilleux, à peu près concolore au chapeau.

CHAIR Violette, élastique, à peu près inodore. De saveur douce, mais peu parfumée.

ÉCOLOGIE De juin à novembre sous conifères et feuillus ; fréquent.

COMESTIBILITÉ Le Laccaire améthyste est comestible, mais de petite taille et peu parfumé.

PARTICULARITÉS
Ce champignon qui est normalement violet vif peut devenir gris blanchâtre en séchant. La réhydratation lui donne une teinte violet-gris sale. Ne pas le consommer dans cet état.

Fausse girolle

Hygrophoropsis aurantiaca

Particularités
Sa couleur à dominante orange au lieu de jaune d'œuf, ses lames à la face inférieure du chapeau et sa chair inodore distinguent la Fausse girolle de la vraie (cf. p. 88).

Aspect Chapeau de 2 à 7 cm de largeur, en entonnoir, d'un orange lumineux, plus rarement brun-roux, marge fortement enroulée même à maturité; cuticule veloutée et finement givrée; lames serrées, fourchues, longuement décurrentes, d'abord concolores au chapeau, pâlissant avec l'âge; stipe légèrement rétréci à la base, concolore au chapeau et aux lames.
Chair Orange, relativement molle et élastique; presque inodore, saveur douce.
Écologie De septembre à novembre, surtout sous conifères, la plupart du temps au sol, parfois aussi sur bois; fréquente.
Comestibilité La Fausse girolle n'est certes pas toxique, mais cause parfois des troubles digestifs. Il n'est donc pas conseillé de la consommer.

Gomphide glutineux

Gomphidius glutinosus

ASPECT Chapeau de 8 à 12 cm de largeur, d'abord hémisphérique, puis étalé et légèrement creusé, mais toujours avec la marge enroulée ; revêtement gluant, brun-gris à ocre incarnat ; lames d'abord blanches, puis devenant grises, décurrentes, espacées ; stipe blanchâtre, également recouvert de mucus, jaune de chrome brillant à la base.

CHAIR Blanche, jaune dans le bas du stipe ; à peu près inodore, saveur douce.

ÉCOLOGIE Cette espèce, qui pousse de juillet à octobre sous conifères, surtout sous épicéas, est largement répandue et fréquente par endroits.

COMESTIBILITÉ Comestible apprécié de beaucoup de ramasseurs. Mais il faut retirer la cuticule avec son mucus tenace avant la cuisson.

PARTICULARITÉS
La base du stipe jaune et le revêtement gluant du chapeau brun-gris caractérisent nettement le Gomphide glutineux.

Paxille enroulé

Paxillus involutus

ASPECT Chapeau brun-ocre à rouillé, convexe-plan, puis étalé, jusqu'à 15 cm de largeur ; feutré à la marge dans la jeunesse, viscidule avec l'âge et par temps humide, se creusant en entonnoir avec l'âge ; lames décurrentes, jaunâtres, se tachant de brun-rouge foncé au toucher, facilement séparables du chapeau ; stipe à peu près concolore au chapeau, virant au brun au toucher.

CHAIR La chair à odeur agréable légèrement acidulée est jaunâtre et vire au brunâtre à la coupe.

ÉCOLOGIE De juin à fin octobre sous conifères, mais aussi dans d'autres forêts, dans les marais, les jardins et les parcs.

COMESTIBILITÉ Ce champignon extrêmement toxique à l'état cru est très savoureux à l'état cuit, mais sa consommation répétée peut causer la mort par allergie.

PARTICULARITÉS
Le Paxille enroulé se caractérise par la marge de son chapeau qui reste enroulée et les lames se tachant de brun-rouge foncé au toucher.

> Il n'est pas rare que les carpophores de l'Hygrophore noircissant se teintent entièrement de noir.

Hygrophore noircissant

Hygrocybe pseudoconica

Aspect Chapeau de 2 à 4 cm de largeur, jaune à orange rougeâtre, virant de plus en plus au noir avec l'âge, conique dans la jeunesse, puis convexe-étalé, revêtement fibrilleux radialement; lames blanches à jaunâtres, presque libres, se teintant de noirâtre au toucher; stipe élancé, jaunâtre à jaune orangé, noircissant à partir de la base avec l'âge.

Particularités
Le chapeau jaune à orange rougeâtre, la forme conique et la chair blanche virant au noir sont des caractères fiables de cette espèce.

Chair Blanche à jaunâtre, virant au noir comme l'extérieur du champignon.

Écologie De juillet à octobre dans les lieux herbeux en forêt, en lisière et dans les prés.

Comestibilité Ce champignon peut causer des troubles digestifs. Les substances qu'il contient sont très mal connues. Il doit être considéré comme légèrement toxique.

Coprin noir d'encre

Coprinus atramentarius

ASPECT Chapeau d'abord ovoïde, puis campanulé, jusqu'à 7 cm de largeur, gris clair à brun-gris sillonné radialement, se relevant à la marge à maturité, finissant par se liquéfier comme de l'encre; lames serrées, d'abord gris blanchâtre, puis presque noires; stipe creux, blanchâtre, un peu épaissi à la base.

CHAIR Blanche, à peu près inodore, saveur douce.

ÉCOLOGIE Dès le mois de mai, puis, après une pause, de l'été à l'automne, dans les forêts de feuillus et au bord des chemins, dans les prés, les jardins et les parcs.

COMESTIBILITÉ Les jeunes exemplaires du Coprin noir d'encre sont délicieux. Toutefois, il ne faut absolument pas boire d'alcool en les consommant et jusqu'à deux jours après, sous peine de réactions très graves.

PARTICULARITÉS
Le Coprin noir d'encre se caractérise par les stries radiales de son chapeau et par le fait que chapeau et lames se liquéfient comme de l'encre à maturité.

Collybie à pied velouté

Flammulina velutipes

ASPECT Chapeau brun de miel à brun-rouge, en général plus clair et strié à la marge, d'abord convexe, puis aplati, de 2 à 5 cm de largeur ; cuticule très lisse, légèrement visqueuse ; lames blanchâtres à jaune pâle, adnées ou légèrement échancrées ; stipe élastique, souvent fasciculé avec d'autres stipes à la base, d'abord jaunâtre, devenant rapidement brun foncé, velouté.

CHAIR Jaunâtre ; odeur agréable et saveur douce.

ÉCOLOGIE À la fin de l'automne et en hiver comme saprophyte sur bois de feuillus, occasionnellement aussi sur bois de conifères.

COMESTIBILITÉ La Collybie à pied velouté est l'un des rares excellents comestibles que l'on peut récolter aussi en hiver.

PARTICULARITÉS
Pour éviter de dangereuses confusions avec la Galère marginée (cf. p. 38), faire attention aux lames blanchâtres et au stipe velouté et sans anneau de la Collybie à pied velouté.

Pleurote en huître

Pleurotus ostreatus

ASPECT Chapeau conchoïde, jusqu'à 15 cm de largeur, en général brun-gris clair à bleu acier foncé, parfois brun, marge enroulée, stipe latéral; lames blanchâtres, longuement décurrentes; stipe blanchâtre, feutré à la base, très court ou à peine esquissé. En général, plusieurs champignons partent d'un même point et poussent étroitement superposés.

CHAIR Blanche, un peu élastique avec l'âge, fibreuse; odeur et saveur agréables et douces.

ÉCOLOGIE D'octobre à février comme saprophyte ou parasite, surtout sur hêtres, peupliers et autres feuillus, rarement sur épicéas.

COMESTIBILITÉ Cette espèce savoureuse est cultivée depuis longtemps en grande quantité et commercialisée.

PARTICULARITÉS
Bien que très variable en couleur et en forme, le Pleurote en huître ne peut guère être confondu avec autre chose si l'on fait attention à son stipe hirsute-feutré.

Cortinaire trivial

Cortinarius trivialis

ASPECT Chapeau d'abord arrondi, puis étalé en forme de parapluie convexe de 4 à 10 cm de largeur, mamelonné au centre, marge légèrement enroulée y compris à maturité ; cuticule jaune olivâtre à brun de miel clair, gluante par l'humidité, brillante à sec ; lames serrées, brun bleuâtre, rouille clair avec l'âge, adnées-échancrées ; stipe jusqu'à 10 cm de hauteur, recouvert d'un mucus gris qui se déchire en séchant et ressemble alors à une peau de serpent, zone annulaire fibrilleuse en haut.

CHAIR Blanchâtre à ocre, ferme ; odeur et saveur douces.

ÉCOLOGIE D'août à octobre sous les feuillus.

COMESTIBILITÉ Bien que non toxique, cette espèce n'est pas comestible.

PARTICULARITÉS
Le stipe du Cortinaire trivial, à aspect de peau de serpent, gluant par l'humidité et pourvu d'une zone annulaire fibrilleuse, ne permet guère de confusions.

Cortinarius varius

ASPECT Chapeau de couleur croûte de pain à brun-roux, arrondi au début, aplati à maturité, de 4 à 10 cm de largeur ; cuticule souvent très gluante comme chez la plupart des *Phlegmaciums* ; lames serrées, d'un remarquable violet-bleu, puis légèrement ocrées ou cannelle, adnées-échancrées ; stipe blanchâtre, pourvu en haut d'une zone annulaire fibrilleuse qui se teinte de brun par la chute des spores à maturité, base épaissie en bulbe.

CHAIR Blanchâtre, inodore et de saveur douce.

ÉCOLOGIE De juillet à octobre surtout en forêt de conifères sous épicéas ; est fréquent en montagne, sporadique en plaine.

COMESTIBILITÉ Ce champignon est comestible et savoureux.

PARTICULARITÉS
Le stipe entièrement blanc bulbeux en bas et la cuticule visqueuse jaune à brun orangé sont des caractères importants de cette espèce.

› Le stipe du Cortinaire couleur de rocou *(Cortinarius orellanus)*, également très toxique, est relativement lisse et sans squamules.

Cortinaire très joli

Cortinarius rubellus

ASPECT Chapeau d'abord conique, convexe à campanulé à maturité, pourvu d'un mamelon en général pointu, diamètre de 3 à 8 cm, couleur variant de brun-jaune ou brun-orange à brun-rouge ; lames épaisses, espacées, adnées-échancrées, à peu près concolores au chapeau ; stipe long, également concolore au chapeau, en général cylindrique, plus rarement légèrement clavé, garni de bracelets fibrilleux jaunes.

PARTICULARITÉS
Le chapeau brun-orange squamuleux du Cortinaire très joli conserve à maturité son mamelon pointu ou plus rarement arrondi.

CHAIR Brun-rouge, légère odeur de terre ou de radis.

ÉCOLOGIE De juillet à octobre dans les forêts de conifères sur sol humide, légèrement marécageux surtout dans les Alpes, où il est fréquent par places.

COMESTIBILITÉ Espèce extrêmement toxique contenant une substance néphrolytique.

Cortinaire à odeur de poire

Cortinarius traganus

ASPECT Chapeau sphérique dans la jeunesse, puis convexe, atteignant entre 8 et 12 cm de diamètre, d'un remarquable violet lilas qui pâlit en brun-ocre sale avec l'âge ; cuticule soyeuse brillante, non visqueuse ; les lames ne sont pas lilas, mais brun-ocre à safranées, adnées-échancrées ; gros stipe bulbeux à clavé, violet pâle, pourvu d'une zone annulaire colorée en brun par les spores, base devenant brunâtre à maturité.

CHAIR Remarquable par sa couleur jaune d'ocre à safranée, odeur âcre désagréable.

ÉCOLOGIE Pousse de juin à novembre en groupe sous conifères, plus rarement sous feuillus.

COMESTIBILITÉ Moyennement toxique. Provoque des troubles digestifs.

PARTICULARITÉS
Les lames du Cortinaire à odeur de poire ne sont jamais lilas, sa chair safranée a habituellement une odeur âcre désagréable.

Tricholome équestre

Tricholoma equestre

ASPECT Chapeau jusqu'à 10 cm de largeur, jaune-vert à squamules brunâtres, plus clair à la marge; cuticule brillante, un peu viscidule par l'humidité, souvent couverte de sable; lames minces, très serrées, jaune soufre; stipe relativement long, lisse, jaunâtre comme le chapeau, en général légèrement bulbeux en bas.

CHAIR Jaune vif, odeur de farine, saveur douce.

ÉCOLOGIE De septembre à novembre, surtout sous conifères, de préférence sous pins; rare.

PARTICULARITÉS
Le Tricholome équestre qui pousse en général sous pins est caractérisé par sa forte odeur de farine et ses lames jaune vif serrées.

COMESTIBILITÉ Le Tricholome équestre passait il y a peu de temps encore pour un bon comestible. Mais on a récemment découvert que, en cas de consommation répétée à intervalles proches, ses substances attaquent les tissus musculaires et peuvent provoquer une myocardite mortelle.

Tricholome tigré ☠

Tricholoma pardinum

PARTICULARITÉS
Le chapeau écailleux d'aspect laineux et l'odeur de farine sont des caractères importants du Tricholome tigré, dont le stipe laisse souvent échapper de petites gouttes d'eau.

ASPECT Chapeau d'abord hémisphérique, puis convexe-plan, jusqu'à 12 cm de largeur, gris argenté, se déchirant bientôt en écailles gris clair à gris-noir ; lames blanches dans la jeunesse, puis crème jaunâtre, pas très serrées, adnées-échancrées ; stipe blanchâtre, à surface fibrilleuse à légèrement squamuleuse.
CHAIR Blanchâtre, odeur de farine, saveur douce.
ÉCOLOGIE Le centre de répartition de cette espèce se situe dans le sud de l'Europe centrale, où elle apparaît dans les forêts de feuillus et de conifères de montagne. Elle pousse d'août à octobre, souvent en groupe ou en ronds de sorcière.
COMESTIBILITÉ Le Tricholome tigré est le plus toxique des tricholomes. Il a certes bon goût, mais il cause des troubles digestifs qui durent pendant des jours et sont parfois très graves.

Lactaire délicieux

Lactarius deliciosus

ASPECT Chapeau rouge clair à rouge orangé, de 3 à 10 cm de largeur, déprimé au centre et marqué de cercles concentriques un peu plus foncés ; fortement givré à l'état sec, viscidule par l'humidité ; lames relativement serrées, jaune orangé pâle, se teintant de verdâtre au toucher ; stipe de 3 à 7 cm de hauteur, concolore au chapeau, mais présentant de petites fossettes plus foncées, creux avec l'âge.

CHAIR Blanche à rouge orangé, fragile, virant au verdâtre dans les blessures au bout de plusieurs heures ; lait rouge carotte ; odeur fruitée.

ÉCOLOGIE D'août à début novembre en forêt de conifères, mycorhizique du pin ; fréquent par endroits.

COMESTIBILITÉ Excellent comestible, mais à ne pas consommer cru.

PARTICULARITÉS
Le Lactaire délicieux se caractérise par ses fossettes foncées sur le stipe et son lait rouge carotte qui devient verdâtre en séchant.

Lactaire de l'épicéa

Lactarius deterrimus

ASPECT Chapeau d'abord enroulé, puis aplati, mais toujours un peu en entonnoir, orange clair, souvent zoné de cercles concentriques étroits un peu plus foncés, mais moins marqués que chez le Lactaire délicieux; lames serrées, concolores au chapeau, se teintant de vert au toucher; stipe souvent creux, concolore au chapeau.

CHAIR Jaunâtre; odeur fruitée, saveur un peu amère; lait rouge orangé, devenant rouge vineux à l'air.

ÉCOLOGIE D'août à début novembre, exclusivement sous épicéas, où il est abondant.

COMESTIBILITÉ Comestible comme tous les lactaires à lait rouge, mais un peu moins savoureux que le Lactaire délicieux.

PARTICULARITÉS
Son habitat sous épicéas, son odeur fruitée prononcée et son lait rouge orangé qui vire au rouge vineux en quelques minutes caractérisent ce lactaire.

> Le Lactaire couleur de poix *(Lactarius picinus)*, très ressemblant, mais au goût très âcre, n'a pas de zone ridée sur le stipe.

Lactaire couleur de suie

Lactarius lignyotus

ASPECT Chapeau brun foncé à brun-noir, de 2 à 6 cm de largeur, enroulé dans la jeunesse, puis en entonnoir très ouvert avec un mamelon pointu au centre ; cuticule veloutée, sèche et mate ; lames blanches contrastant avec le chapeau, devenant progressivement crème ; stipe long, de même aspect que le chapeau, mais toujours ridé immédiatement en dessous du chapeau.

CHAIR Blanchâtre, virant au rose pâle à la coupe ; odeur et saveur terreuses avec un arrière-goût un peu amer ; lait blanc.

ÉCOLOGIE D'août à octobre surtout sous conifères en montagne ; fréquent par endroits.

COMESTIBILITÉ Ce champignon est un comestible correct, mais garde, comme tous les lactaires de son groupe, un goût terreux particulier.

PARTICULARITÉS
Le Lactaire couleur de suie se caractérise par son mamelon pointu et par le fort contraste produit par ses lames blanches.

Lactaire à toison

Lactarius torminosus

ASPECT Chapeau jusqu'à 10 cm de largeur, saumon ou rose, zoné concentriquement, revêtement feutré ou poilu ; à marge enroulée dans la jeunesse, étalé ensuite, mais toujours en entonnoir ; lames rougeâtres, très serrées, légèrement décurrentes ; stipe creux, plus ou moins rose.

CHAIR Blanchâtre, ferme ; odeur fruitée agréable, mais saveur assez âcre ; lait blanc, très âcre.

ÉCOLOGIE Exclusivement sous bouleaux, d'août à octobre.

COMESTIBILITÉ Le Lactaire à toison est en fait immangeable et peut causer de sérieux troubles gastro-intestinaux. Toutefois, dans certaines parties de l'Europe de l'Est, on le mange avec du yaourt après l'avoir préparé d'une façon spéciale.

PARTICULARITÉS
Le Lactaire à toison est caractérisé à la fois par sa marge barbue, ses teintes saumon à rose et son lait blanc très âcre.

Lactaire à lait abondant

Lactarius volemus

Aspect Chapeau de 5 à 15 cm de largeur, rouge orangé ou roussâtre, à la différence du Lactaire roux sans mamelon ; revêtement velouté et sec, souvent givré de blanc ; lames blanc jaunâtre, cassantes, adnées ou légèrement décurrentes, brunissant dans les blessures ; stipe plein, robuste, concolore au chapeau ou un peu plus pâle.

Chair Blanchâtre à brunâtre ; forte odeur de poisson à l'état cru ; lait blanc abondant, de saveur douce, brunissant en séchant.

Écologie De juin à octobre sous conifères et bois mêlés, en particulier sous épicéas et pins.

Comestibilité Se consomme surtout grillé ; comestible apprécié, mais malheureusement devenu très rare dans de nombreuses régions.

Particularités
Ce champignon se reconnaît à son odeur de hareng, son chapeau sans mamelon et son lait abondant.

Lactaire roux

Lactarius rufus

ASPECT Chapeau brun-rouge avec une pruine argentée, de 5 à 8 cm de largeur, conique dans la jeunesse, aplati ou légèrement en entonnoir à maturité, pourvu habituellement d'un mamelon pointu ; lames ocre à incarnat, adnées ou légèrement décurrentes. Le stipe cylindrique se creuse pendant la maturation et est plus pâle que le chapeau.

CHAIR Blanche, puis rougeâtre pâle ; nette odeur de résine ; lait blanc, âcre, abondant.

ÉCOLOGIE De juillet à octobre sous conifères, mais aussi fréquemment sous bouleaux.

COMESTIBILITÉ À cause de son lait âcre, ce champignon est considéré comme immangeable, et peut d'ailleurs causer des problèmes digestifs.

PARTICULARITÉS
Le mamelon pointu, l'odeur de résine et le lait âcre différencient le Lactaire roux du Lactaire à lait abondant.

Lactaire scrobiculé

Lactarius scrobiculatus

ASPECT Chapeau hémisphérique dans la jeunesse, ombiliqué, étalé en vaste entonnoir à maturité, jusqu'à 20 cm de largeur, la marge restant toutefois longtemps enroulée ; cuticule jaune de paille ou jaune citron, souvent très visqueuse, se dissociant en squamules fibrilleuses vers la marge ; lames serrées, blanchâtres à crème, légèrement décurrentes ; stipe court, jaunâtre avec de nettes fossettes plus foncées.

PARTICULARITÉS
Les nombreuses fossettes sur le stipe sont une des caractéristiques de ce lactaire au goût très âcre.

CHAIR Blanc jaunâtre ; saveur âcre, mais odeur fruitée agréable ; lait blanc abondant, très âcre, jaunissant à l'air.

ÉCOLOGIE De juillet à octobre sous conifères, surtout sous épicéas.

COMESTIBILITÉ Ce champignon est immangeable cru, et peut causer de graves problèmes digestifs même quand il est cuit.

Lactaire velouté

Lactarius vellereus

ASPECT Chapeau blanc à blanc sale, taché de brunâtre avec l'âge, en entonnoir, atteignant 20 cm, voire parfois 30 cm de diamètre, marge longtemps enroulée ; cuticule soyeuse-feutrée ; lames d'abord blanches, puis crème, espacées, un peu décurrentes ; stipe blanc, très court par rapport à la taille du chapeau.

CHAIR Blanche, assez ferme ; ne sécrète que de petites quantités d'un lait blanc de saveur douce, mais est elle-même très âcre.

ÉCOLOGIE De juillet à novembre sous conifères et feuillus ; fréquent partout.

COMESTIBILITÉ Cuisiné sans préparation spéciale, le Lactaire velouté est immangeable et peut causer de violents troubles digestifs.

PARTICULARITÉS
Du fait que les carpophores de ce lactaire, le plus grand de nos régions, se développent à moitié sous terre, son chapeau est toujours fortement souillé de terre et autres substrats.

Russule charbonnière

Russula cyanoxantha

ASPECT Chapeau arrondi dans la jeunesse, puis étalé jusqu'à 12 cm de largeur, déprimé en entonnoir au centre, couleur variant du violet clair ou foncé au verdâtre, plus rarement panaché d'ocre-brun ; cuticule en général brillante et viscidule ; lames blanc pur, minces et molles ; stipe jusqu'à 10 cm de hauteur, en général blanc, parfois aussi violet, mais beaucoup plus pâle que le chapeau.

PARTICULARITÉS
Au contraire des lames de la plupart des russules, celles de la Russule charbonnière, qui sont d'un blanc pur, sont élastiques.

CHAIR Blanc pur, à peu près inodore, saveur douce.

ÉCOLOGIE Cette russule est très répandue et fréquente dans nos régions. Elle fructifie de juillet à octobre sous feuillus et sous conifères, souvent sous hêtres et chênes.

COMESTIBILITÉ Un des meilleurs comestibles parmi les russules.

Russule comestible

Russula vesca

PARTICULARITÉS La cuticule de la Russule comestible n'atteint pas tout à fait la marge, si bien que, vues de dessus, ses lames blanches dépassent un peu. Cette particularité distingue cette espèce des russules ressemblantes.

ASPECT Chapeau d'abord hémisphérique, puis aplati et un peu déprimé au centre, jusqu'à 10 cm de largeur, carné avec une nuance lilas, un peu viscidule par temps humide ; cuticule n'atteignant pas tout à fait la marge ; lames blanc pur, puis parfois tachées de rouille, adnées-échancrées, parfois aussi légèrement décurrentes ; stipe blanc, souvent taché de brun rouille.

CHAIR Blanche, à saveur douce de noisette et odeur presque nulle, ferme et cassante comme le sont typiquement les russules.

ÉCOLOGIE De mai à septembre sous feuillus et conifères ; tout à fait fréquente, mais n'aime pas les sols calcaires.

COMESTIBILITÉ Un des meilleurs comestibles parmi les russules.

Russule dorée

Russula aurea

ASPECT Chapeau hémisphérique dans la jeunesse, puis aplati, jusqu'à 10 cm de largeur ; souvent déprimé en entonnoir au centre avec l'âge, d'abord jaune d'or ou jaune citron vif, devenant avec le temps rouge par places ou parfois même en totalité ; lames serrées, jaune d'œuf vif au moins sur l'arête ; stipe cylindrique à clavé, blanc, lavé de jaune.

CHAIR Blanchâtre, jaune sous la cuticule, ferme ; à peu près inodore, saveur douce. À la différence des lactaires qui sont leurs proches parents (genre *Lactarius*, cf. p. 74-81), les russules ne sécrètent pas de lait.

ÉCOLOGIE De juillet à la fin de l'automne sous conifères et feuillus, surtout en altitude.

COMESTIBILITÉ La Russule dorée est tout à fait savoureuse.

PARTICULARITÉS
Espèce remarquable par ses lames d'un beau jaune d'œuf, en général en totalité ou au moins sur les arêtes.

Russule ocre et blanc

Russula ochroleuca

ASPECT Chapeau jaune citron à jaune d'ocre, jusqu'à 10 cm de largeur, d'abord convexe, puis aplati à légèrement déprimé en entonnoir ; cuticule brillante, viscidule par temps humide, facilement séparable surtout près de la marge ; lames serrées, blanches, souvent tachées de brunâtre à maturité, adnées-échancrées ; stipe robuste, cylindrique, seulement un peu épaissi à la base, blanc, grisonnant avec l'âge.

CHAIR Blanche ; saveur variable de douce à âcre ou légèrement amère, faible odeur fruitée.

ÉCOLOGIE D'août à novembre sous conifères, un peu plus rare sous feuillus ; très fréquente.

COMESTIBILITÉ La Russule ocre et blanc n'est pas toxique, mais a souvent un goût âcre, et sa consommation est déconseillée.

PARTICULARITÉS
Cette russule a en général une chair modérément âcre. Le stipe des vieux exemplaires devient légèrement gris.

Russule xérampéline

Russula xerampelina

ASPECT Chapeau de 5 à 12 cm de largeur, remarquablement rouge vineux à pourpre, revêtement sec et mat, viscidule seulement par temps de pluie ; lames fragiles, serrées, jaune d'ocre, brunissant au bout d'un moment au toucher ; stipe lavé de pourpre, brunissant également au toucher.

CHAIR Blanchâtre, virant au brun à la coupe ; inodore dans la jeunesse, mais sentant nettement le poisson à maturité, saveur douce.

ÉCOLOGIE Très fréquente dans les forêts de conifères. Pousse de juillet à octobre, isolément ou en groupes.

COMESTIBILITÉ Ce champignon est comestible, sa forte odeur de hareng disparaît à la cuisson. Il est conseillé de consommer surtout des exemplaires jeunes.

PARTICULARITÉS
Cette russule est caractérisée par son odeur de hareng, sa saveur douce et son habitat sous conifères.

Russule émétique

Russula emetica

ASPECT Chapeau de diverses nuances de rouge, de rouge cerise à rouge sang vif, sphérique dans la jeunesse, puis convexe à aplati, jusqu'à 10 cm de diamètre ; lames blanches, pas très serrées, adnées-échancrées ; stipe blanc, d'abord creux, puis farci d'une chair cotonneuse.

CHAIR Blanche, un peu rougeâtre sous la cuticule, fragile ; odeur fruitée, mais saveur très âcre.

ÉCOLOGIE Espèce très fréquente que l'on peut trouver de juillet à octobre surtout sous conifères, plus rarement sous feuillus.

COMESTIBILITÉ Comme son nom l'indique, la Russule émétique est immangeable. Elle peut d'autre part causer de violents troubles gastro-intestinaux.

PARTICULARITÉS
Espèce caractérisée par le rouge remarquable de son chapeau, sa saveur âcre et son odeur fruitée, ainsi que par son stipe blanc, jamais rougeâtre.

> La rare Chanterelle abricot *(Cantharellus friesii)* est plus petite, d'un orange plus foncé et a une cuticule veloutée à floconneuse.

Girolle

Cantharellus cibarius

ASPECT Chapeau d'abord jaune d'œuf à jaune d'or, convexe en coussin avec la marge enroulée, puis en entonnoir avec la marge ondulée, jusqu'à 11 cm de largeur, pâlissant en jaune blanchâtre, parfois en violet tendre ; revêtement sec soyeux, brun de miel à brun-jaune par temps de pluie ; hyménophore formé de plis fourchus concolores au chapeau, longuement décurrents ; stipe jusqu'à 8 cm de longueur, lisse, plus pâle que le chapeau.

CHAIR Blanche ou jaunâtre pâle, ferme, fibreuse ; odeur agréable d'abricot, mais saveur âcre à l'état cru.

ÉCOLOGIE De juin à octobre sous pins et épicéas, plus rarement sous bouleaux, hêtres et chênes.

COMESTIBILITÉ Ce comestible estimé peut non seulement être cuit, mais aussi mis à mariner dans le vinaigre.

PARTICULARITÉS
La base du stipe est toujours plus étroite que sa partie haute. L'odeur d'abricot de la girolle est tout à fait typique.

Chanterelle en tube

Cantharellus tubaeformis

PARTICULARITÉS
Du fait de leur stipe creux, les chanterelles en tube adultes présentent un trou au milieu de leur chapeau en entonnoir.

ASPECT Chapeau peu charnu, jusqu'à 5 cm de largeur, en entonnoir, creux au centre jusqu'à la base du stipe, marge ondulée et retournée, face supérieure brun-jaune, brun-gris, brun olive ou brun foncé, face inférieure gris jaunâtre, parfois aussi jaune vif; cuticule lisse à légèrement ridée; hyménophore en forme de plis épais, interveinés, blancs, gris ou jaune sale; stipe élancé, creux, souvent un peu aplati, présentant divers tons jaunes, en général brun-jaune.

CHAIR Blanchâtre, un peu élastique; odeur légèrement épicée, parfois de moisi, mais saveur douce.

ÉCOLOGIE De juillet à novembre dans les forêts moussues de feuillus et de conifères; localement fréquente.

COMESTIBILITÉ Ce comestible bon mais peu charnu peut être conservé dans le vinaigre ou en bocaux.

Chanterelle violette

Gomphus clavatus

ASPECT Jusqu'à 10 cm de hauteur et autant de largeur, souvent en touffe ; carpophores d'abord turbinés, puis clavés et souvent avec une ouverture latérale ; face supérieure glabre, lisse, d'abord violette, puis carnée et finalement ocre ; face extérieure veinée-ridée, rose carné ou violette, parfois teintée d'ocre par les spores dans les parties creuses : plis fourchus interveinés, décurrents presque jusqu'à l'extrémité du stipe.

CHAIR Blanche et molle ; inodore, saveur semblable à celle de la girolle.

ÉCOLOGIE D'août à octobre dans les forêts de moyenne montagne sous épicéas, sapins et hêtres ; très rare en plaine ; à protéger.

COMESTIBILITÉ Bon comestible de bon rendement.

PARTICULARITÉS
Les carpophores clavés et très charnus de la Chanterelle violette présentent des veines en forme de lames sur la face extérieure qui est en général violette.

› La Chanterelle cendrée *(Pseudocraterellus cinereus)*, elle aussi comestible, se distingue à peine de la Trompette de la mort quand on la voit de dessus.

Trompette de la mort

Craterellus cornucopioides

ASPECT Carpophores en forme de trompette ou d'entonnoir, avec la marge d'abord enroulée vers l'extérieur, puis lobée et souvent déchirée ; face supérieure presque noire par temps de pluie, sinon gris de suie ou gris-brun et presque lisse ; face externe d'abord lisse, mate et noire, veinée-ridée avec le temps, parfois colorée en blanchâtre ou en gris par les spores ; sans lames ni véritables plis.
CHAIR Grise, très mince et élastique ; arôme plutôt faible, mais saveur douce agréable, un peu terreuse à l'état cru.
ÉCOLOGIE En forêt de feuillus ou mixte, sous hêtres, chênes et sapins ; souvent dès le mois d'août, abondante surtout en octobre.
COMESTIBILITÉ Ce champignon cuisiné frais est un peu coriace. Séché et moulu, il constitue un bon condiment.

PARTICULARITÉS
Ce champignon est facile à identifier grâce à sa forme de trompette et sa couleur toujours sombre.

Pied-de-mouton

Hydnum repandum

ASPECT Chapeau d'abord arrondi, puis plat et irrégulièrement bosselé, à marge enroulée et lobée, jusqu'à 15 cm de largeur ; revêtement sec, velouté, couleur croûte de pain, rose carné ou plus rarement jaune orangé, jaunissant au toucher avec l'âge ; aiguillons de 2 à 6 mm de longueur, fragiles, serrés, en général concolores au chapeau, parfois un peu plus pâles ; stipe court, trapu, plus ou moins latéral, toujours plus clair que le chapeau.

CHAIR Blanchâtre, inodore, cassante ; saveur de flocons d'avoine.

ÉCOLOGIE De juillet à novembre sous feuillus et conifères, surtout sur calcaire ; fréquent.

COMESTIBILITÉ Bon comestible jeune. Vieux, il est amer, mais peut servir de condiment.

PARTICULARITÉS
Ce champignon couleur croûte de pain porte des aiguillons serrés sous le chapeau. Il a toujours une forme irrégulière et son stipe court est en général implanté latéralement.

Hydne imbriqué

○

Sarcodon imbricatus

ASPECT Chapeau convexe dans la jeunesse, à marge enroulée, puis aplati, déprimé au centre et à marge ondulée, jusqu'à 15 cm de largeur; cuticule sèche, grise à brune, avec de grosses écailles qui foncent en vieillissant; aiguillons serrés, fragiles, décurrents, d'abord blanchâtres, grisonnant avec le temps; stipe très court, blanchâtre à la base, sinon concolore au chapeau, compact, souvent latéral.

CHAIR Blanc sale à gris brunâtre, cassante, ferme; odeur épicée et saveur âcre à amère avec l'âge.

ÉCOLOGIE D'août à novembre surtout sous conifères dans les Alpes, sous pins et épicéas.

COMESTIBILITÉ Les exemplaires très jeunes, séchés, peuvent être utilisés comme condiments.

PARTICULARITÉS
Le chapeau de l'Hydne imbriqué présente, à la différence d'espèces apparentées immangeables, de grandes écailles foncées disposées concentriquement.

Amadouvier

Fomes fomentarius

ASPECT Carpophore en sabot ou en console, de 10 à 30 cm de largeur, d'abord brun-ocre à brun-rouge, brun grisâtre à maturité; face supérieure souvent zonée de bandes de différentes couleurs, mate, à croûte dure; hyménophore poré blanc à crème dans la jeunesse, ocre à brun plus tard; pores étroits, blancs à brunâtres, stratifiés chez les exemplaires âgés de plusieurs années.

CHAIR Brun-jaune dans le chapeau, légère comme du liège, fibreuse-cotonneuse et très coriace.

ÉCOLOGIE Toujours sur feuillus, avec une prédilection pour les hêtres et les bouleaux malades ou morts; fréquent.

COMESTIBILITÉ Ce champignon fournissait autrefois l'amadou. Il est impropre à la consommation.

PARTICULARITÉS
Le cœur du chapeau de l'Amadouvier brûle facilement, et sa chair molle s'enfonce à la pression, contrairement à celle de formes semblables très ligneuses.

Polypore marginé

Fomitopsis pinicola

ASPECT Carpophore fixé en console sur son substrat par une large base, d'abord jaune d'ocre, puis gris-noir et souvent difforme, de 20 à 30 cm de largeur ; face supérieure bossue à croûte résineuse collante, souvent fissurée ; la marge, ondulée, présente une zone de croissance blanche qui devient orange avec le temps ; la face inférieure présente des pores très fins, crème, puis jaune d'ocre à jaune citron pâle.

CHAIR Jaune pâle à jaune de bois, d'abord liégeuse et élastique, puis dure ; odeur acidulée, saveur amère.

ÉCOLOGIE Toute l'année sur épicéas, parfois sur sapins et aulnes, rarement sur d'autres arbres ; largement répandu, fréquent surtout en altitude.

COMESTIBILITÉ Chair élastique et amère immangeable.

PARTICULARITÉS
La face inférieure du Polypore marginé sécrète souvent des gouttes aqueuses. Son odeur acidulée est un autre caractère important.

› La face supérieure du Ganoderme plat est souvent entièrement recouverte d'une sporée couleur cacao.

Ganoderme plat

Ganoderma lipsiense

ASPECT Carpophore pérenne, sessile, réniforme à flabelliforme, jusqu'à 50 cm de largeur, mais seulement 5 cm d'épaisseur ; surface brun-gris à cannelle, sillonnée concentriquement, pourvue d'une croûte dure et mate, zone de croissance toujours blanche ; pores très fins, bruns à orifices blancs qui se teintent de brun foncé au toucher, stratifiés et séparés par de minces couches intermédiaires chez les vieux exemplaires.

CHAIR D'abord blanchâtre, devenant brun-rouge ou marron avec le temps, toujours veinée de blanc, ligneuse.

ÉCOLOGIE Toute l'année sur souches ou sur troncs vivants de feuillus, surtout de hêtres, plus rarement sur épicéas et sapins ; très fréquent.

COMESTIBILITÉ Sa chair ligneuse rend cette espèce immangeable.

PARTICULARITÉS
La surface brun-gris, sillonnée concentriquement, la zone de croissance blanche et la consistance ligneuse sont caractéristiques.

Polypore du bouleau

Piptoporus betulinus

ASPECT Carpophore de 20 cm de largeur et 4 cm d'épaisseur environ, flabelliforme, en console ou conchoïde, d'abord blanc à crème, puis brun-ocre à brun-gris, fixé à son support par un pseudostipe bossu et souvent déporté latéralement ; surface lisse, non zonée, face inférieure blanche, finement porée.

CHAIR Blanche, liégeuse, coriace, juteuse ; acidulée et amère.

ÉCOLOGIE De juillet à octobre exclusivement sur bouleaux. En général, le champignon s'attaque à des arbres vieux et affaiblis qui finissent par périr sous l'effet de la pourriture brune.

COMESTIBILITÉ Sa chair coriace caoutchouteuse rend le Polypore du bouleau impropre à la consommation. Autrefois, on l'utilisait pour fabriquer des courroies et des bouchons.

PARTICULARITÉS
Des champignons semblables ne se trouvent que sur d'autres arbres ; son habitat exclusif sur bouleau exclut toute confusion.

> Le Polypore soufré est nettement favorisé par des coupes d'arbres intempestives.

Polypore soufré

Laetiporus sulphureus

ASPECT Carpophores flabelliformes à clavés, jusqu'à 40 cm de largeur et 4 cm d'épaisseur, superposés comme des tuiles, d'un jaune éclatant avec des zones rouge orangé et une marge renflée jaune soufre, crème sale avec l'âge; face supérieure veloutée ondulée, face inférieure de couleur plus intense à pores fins, sécrétant un liquide jaunâtre dans la jeunesse.

CHAIR Jaune, très tendre, juteuse; odeur agréable, saveur âpre acidulée; dure et sèche chez les vieux sujets.

ÉCOLOGIE De mai à octobre sur feuillus, plus rarement sur conifères, dans les Alpes spécialement sur mélèzes; formant souvent des colonies de plusieurs mètres de hauteur.

COMESTIBILITÉ On peut paner et frire les jeunes exemplaires, mais il faut préalablement les cuire à l'eau.

PARTICULARITÉS
Le jaune éclatant de ce champignon, surtout le jaune soufre de sa marge, rend toute confusion pratiquement impossible.

Polypore géant

Meripilus giganteus

PARTICULARITÉS Le Polypore géant forme souvent des rosettes de taille remarquable, et ses pores virent au noir avec l'âge ou au toucher.

ASPECT Carpophore composé d'éléments larges de 8 à 20 cm, étalés comme des feuilles ou flabelliformes, superposés en rosettes sur le substrat ; face supérieure granuleuse, d'abord brun-jaune, puis brun foncé, toujours à marge claire et parcourue de bandes claires et foncées ; pores blancs, fins, très courts, décurrents, noirs au toucher et avec l'âge.

CHAIR Élastique, fibreuse, d'abord blanche, puis faiblement rougeâtre, coriace à la fin, noircissante, saveur amère-acidulée.

ÉCOLOGIE D'août à octobre comme parasite en général sur souches de feuillus, par exemple de hêtres, occasionnellement sur sapins ; provoque la pourriture blanche, une maladie des arbres.

COMESTIBILITÉ Bien que le Polypore géant ne soit pas toxique, il n'est pas recommandé de le consommer.

› Le chapeau de la Tramète hirsute *(Trametes hirsuta)* est couvert de poils qui lui donnent un aspect feutré.

Tramète versicolore

Trametes versicolor

ASPECT Poussant toujours en groupes de chapeaux distincts alignés ou superposés ; carpophores plats, réniformes ou flabelliformes, de 2 à 10 cm de largeur, d'aspect soyeux brillant à la face supérieure, parcourue de bandes veloutées colorées qui peuvent être noires, bleues, rougeâtres, jaunâtres et jusqu'à blanches ; face inférieure garnie de pores arrondis à anguleux, très étroits, d'abord blancs, puis crème à brun clair.

CHAIR Mince, blanc pur, élastique, sans odeur ni saveur particulières.

ÉCOLOGIE Toute l'année sur bois de divers feuillus sur branches et souches mortes ; très fréquente.

COMESTIBILITÉ Ce champignon n'est pas consommable.

PARTICULARITÉS
La Tramète versicolore se reconnaît assez sûrement à ses zones multicolores soyeuses et brillantes et à ses chapeaux élastiques et très minces. La marge est ondulée, mince et aiguë.

› Le Lenzite du sapin *(Gloeophyllum abietinum)*, ressemblant, pousse également sur bois de conifères, mais ses lames sont moins serrées.

Lenzite des clôtures

Gloeophyllum sepiarium

ASPECT Carpophores de 2 à 8 cm de largeur et 1,5 cm d'épaisseur environ, semi-circulaires, en consoles ou en rosettes, sessiles, convexes ou plats, présentant souvent une remarquable zone de croissance jaune à la marge ; face supérieure poilue, sillonnée et zonée de bandes de différentes couleurs, d'abord brun rouille, brun foncé avec l'âge ; pores amples, étirés en fausses lames, d'abord orange jaunâtre, devenant brunâtres avec le temps.
CHAIR Zonée, liégeuse, coriace, brun rouille à brun foncé.
ÉCOLOGIE Toute l'année sur les parties sèches de troncs de conifères morts, souvent aussi sur les piquets de clôture, surtout sur bois d'épicéa ; provoque la pourriture brune.
COMESTIBILITÉ Non comestible.

PARTICULARITÉS
Les lames du Lenzite des clôtures sont presque toujours disposées de manière parallèle quand le carpophore est fixé latéralement sur le bois.

Polypore du rond des pins

Heterobasidion annosum

ASPECT Carpophores en console, de 5 à 20 cm de largeur, très durs et élastiques, brun-rouge à brun clair dans la jeunesse, sillonnés et zonés irrégulièrement, recouverts avec l'âge d'une croûte bosselée brun-gris à noire, marge blanchâtre; hyménophore à pores blanchâtres arrondis-anguleux, étroits.
CHAIR Liégeuse élastique et blanche jeune, forte odeur acidulée; devenant dure et brun pâle avec l'âge.
ÉCOLOGIE Parasite redouté dans les plantations de conifères; il pénètre par des blessures du bas du tronc dans le bois des arbres vivants et désagrège le tronc en une masse brune friable; les carpophores n'apparaissent que quand l'arbre est mort.
COMESTIBILITÉ Espèce impropre à la consommation.

PARTICULARITÉS
Les carpophores étroits de ce polypore ne sont en général qu'à 1 ou 2 cm du bois. Ils se laissent facilement détacher de leur support.

> Les Anglais l'appellent nid d'oiseau, les Suédois, corbeille à pain, noms très évocateurs.

Crucibule lisse

Crucibulum laeve

ASPECT Carpophore sphérique à ovoïde, fermé dans la jeunesse par un couvercle feutré-squamuleux orange à ocre qui se détache à maturité. C'est alors seulement que ce champignon de 0,4 à 1 cm prend sa forme typique de coupe. La surface extérieure a une consistance feutrée et est d'abord blanchâtre à ocre jaune, puis brune à noirâtre. La face interne est lisse, crème à ocre, et contient jusqu'à 15 péridioles blancs en forme de lentilles qui renferment les spores et sont fixés par un filament.

ÉCOLOGIE Fréquent en été et en automne sur restes végétaux en décomposition, sur bois mort ou pourri.

COMESTIBILITÉ Cette espèce ne présente aucun intérêt pratique.

PARTICULARITÉS

Tandis que les jeunes exemplaires se reconnaissent à leur couvercle jaune d'or, on identifie ceux qui sont mûrs grâce aux péridioles en forme de lentilles.

Géastre fimbrié

Geastrum fimbriatum

ASPECT La forme étoilée de ce champignon apparaît quand la boule souterraine de 2 à 5 cm de diamètre sort de terre ; sa couche externe se déchire alors en une dizaine ou un peu moins de lobes ocre blanchâtre disposés en étoile. Peu à peu, l'enveloppe extérieure s'enroule pour libérer l'enveloppe intérieure sphérique et brun clair. Celle-ci finit par s'ouvrir au sommet pour libérer les spores mûres.

CHAIR Concolore aux lobes, odeur presque nulle, d'abord juteuse, puis sèche.

ÉCOLOGIE D'août à octobre principalement sur litière d'épicéas sur sols calcaires secs ; c'est l'espèce la plus fréquente de géastre ; grégaire.

COMESTIBILITÉ Bien que non toxique, le Géastre est impropre à la consommation.

PARTICULARITÉS
L'enveloppe extérieure de ce carpophore crème s'ouvre en étoile, et au sommet de l'enveloppe intérieure qui repose directement dessus se forme une ouverture effilochée.

Clathre d'Archer
Clathrus archeri

PARTICULARITÉS La forme de ce champignon rouge vif qui rappelle les tentacules d'une pieuvre empêche toute confusion.

ASPECT D'abord sort un « œuf de sorcière », enveloppe sphérique gris blanchâtre entourée d'une couche gélatineuse, puis il s'ouvre au sommet, laissant apparaître un carpophore rouge pâle. Celui-ci s'étale en une forme rappelant, avec ses 3 à 6 « bras » pointus, une étoile de mer. Le revêtement réticulé-scrobiculé des bras d'un rouge intense est recouvert d'une masse à odeur de charogne et de couleur brun olive contenant les spores, dont les mouches assurent la dispersion.
CHAIR Rouge, spongieuse et poreuse.
ÉCOLOGIE Originaire d'Asie du Sud-Est ou d'Australie, introduit en Europe il y a environ cinquante ans, il s'y répand de plus en plus ; de juillet à octobre sous feuillus.
COMESTIBILITÉ Ne serait-ce qu'à cause de sa pénétrante odeur de charogne, ce champignon est immangeable.

Vesse de loup perlée ○

Lycoperdon perlatum

ASPECT Carpophore en forme de bouteille, de massue ou de poire renversées, de 6 à 8 cm de hauteur et 5 de largeur, garni en surface d'aiguillons d'environ 2 mm de longueur, mous, labiles, d'abord blancs, devenant de plus en plus brun-gris en mûrissant. Une petite ouverture par laquelle s'échappent les spores apparaît finalement au sommet.

PARTICULARITÉS
La Vesse de loup perlée garde toujours une forme de bouteille renversée avec une tête et un stipe bien distincts. Après la chute des aiguillons très labiles subsiste un décor réticulé.

CHAIR Blanche, souple mais ferme, à odeur de radis dans la jeunesse ; avec la maturation, elle prend d'abord un aspect de bouillie brun olive, puis devient sèche.

ÉCOLOGIE De juillet à novembre sous feuillus et conifères, ainsi que sur bois pourri ; très fréquente, grégaire.

COMESTIBILITÉ Comestible à l'état jeune.

Vesse de loup hérisson

Lycoperdon echinatum

PARTICULARITÉS La surface de la Vesse de loup hérisson présente après la chute des aiguillons courbes et labiles un remarquable décor en réseau.

ASPECT Carpophore d'abord sphérique, parfois piriforme avec l'âge, jusqu'à 5 cm de hauteur et 3 à 4 cm de largeur, surface gris noirâtre ou brunâtre, garnie d'aiguillons pouvant atteindre 5 mm de longueur, résistants et souples. Après la chute de ceux-ci apparaît l'enveloppe du champignon avec un décor en réseau polygonal. À maturité se forme au sommet une petite ouverture par laquelle les spores s'échappent à la pression.
CHAIR Blanche au début, vite jaunâtre, puis lilas à brun foncé, se désagrégeant finalement en poussière brune.
ÉCOLOGIE De juillet à octobre, en général sous hêtres sur sol calcaire, parfois sous chênes ou charmes, mais pratiquement pas sous conifères ; souvent cachée dans les feuilles ; très fréquente.
COMESTIBILITÉ Impropre à la consommation.

Scléroderme commun

Scleroderma citrinum

ASPECT Carpophore bulbeux à clavé, souvent réniforme, jusqu'à 10 cm de largeur, ancré au sol par des filaments mycéliens blanchâtres ; enveloppe extérieure jaunâtre clair à ocre, très résistante, divisée en plaques squamuleuses, se déchirant.

CHAIR Tachetée de gris lilacin dans la jeunesse, noircissant progressivement avec la maturation ; se désagrégeant en poudre avec l'âge, forte odeur métallique.

ÉCOLOGIE De juillet à novembre sous conifères sur sols acides sableux ou marécageux ; isolé ou en groupe, très fréquent par endroits.

COMESTIBILITÉ Autrefois, ce champignon toxique était utilisé frauduleusement dans des plats de truffes, malgré les conséquences parfois violentes qu'il entraîne rapidement : nausées, vomissements et évanouissements.

PARTICULARITÉS
La coupe fait apparaître l'enveloppe résistante blanchâtre de quelque 5 mm d'épaisseur et la gléba noire à maturité.

Boviste noircissante

Bovista nigrescens

ASPECT Le carpophore sphérique des jeunes champignons ressemble à s'y méprendre à un œuf. Son enveloppe extérieure blanchâtre, brunissant au toucher, se casse comme une coquille d'œuf. Le champignon atteint une largeur de 3 à 6 cm. À maturité se forme au sommet une petite ouverture par laquelle s'échappent les spores.

CHAIR Gris blanchâtre, à odeur et saveur presque nulles dans la jeunesse ; se désagrège à maturité en sporée brun d'ombre à brun lilas.

ÉCOLOGIE Se trouve surtout en montagne, plus rarement en plaine. Pousse de juin à septembre sous feuillus, en lisière, au bord des chemins et sur pelouses sèches.

COMESTIBILITÉ Seuls les jeunes exemplaires sont comestibles.

PARTICULARITÉS
L'enveloppe extérieure, résistante et blanche, se détache du carpophore en se brisant comme une coquille d'œuf. À maturité, l'intérieur est entièrement rempli d'une gléba brune.

› Les œufs de sorcière du Satyre puant sont à demi cachés dans le sol. Ce sont eux qui donnent naissance au carpophore.

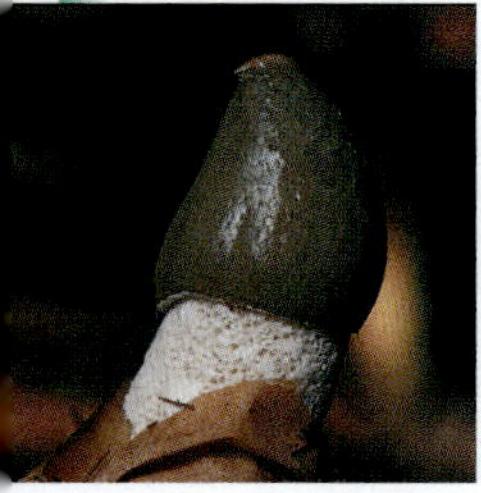

Satyre puant ○

Phallus impudicus

ASPECT Carpophore pouvant atteindre 20 cm de hauteur, issu d'un œuf de sorcière, corps ovoïde enterré ; sommet vert olive foncé à surface visqueuse, nettement écarté du stipe blanc ; les spores se formant sur le sommet collant sont dispersées par les mouches qui sont attirées par l'odeur de charogne.

CHAIR L'œuf de sorcière sent le radis, le carpophore mûr sent la charogne. Cette odeur extrêmement désagréable est encore perceptible à 20 m de distance.

ÉCOLOGIE Dès le mois de mai, mais surtout de juillet à octobre dans les forêts de feuillus et de conifères riches en humus ; répandu dans les zones tempérées d'Asie, d'Europe et d'Amérique du Nord.

COMESTIBILITÉ Champignon immangeable à maturité. En revanche, les œufs sont tout à fait comestibles.

PARTICULARITÉS
De par son aspect et son odeur de charogne, le Satyre puant ne laisse guère de place à la confusion.

Satyre du chien

Mutinus caninus

PARTICULARITÉS
La tête vert olive foncé de ce champignon de diamètre uniforme est perforée dans le sens de la longueur.

ASPECT Carpophore en forme de verge, de 8 à 12 cm de hauteur, issu d'un œuf de sorcière de 2 à 3 cm environ dont les restes forment une volve chaussant le stipe ; stipe creux, blanchâtre, grossièrement bosselé, surmonté d'une tête de 1 à 1,5 cm de longueur, se distinguant par sa couleur et recouverte d'une gléba vert olive visqueuse ; carpophores d'abord dressés, puis inclinés et finalement couchés sur le sol. Les spores sont emportées de la tête visqueuse par des insectes qui les dispersent.

CHAIR L'intérieur blanchâtre à jaune d'ocre du carpophore est creux ou très poreux. Il a une odeur désagréable de crotte de chat.

ÉCOLOGIE De juillet à octobre dans les forêts de feuillus et de conifères riches en humus, souvent autour des souches ; pas très fréquent.

COMESTIBILITÉ Immangeable.

› La Morille conique *(Morchella conica)*, également comestible, est plus grande et a un chapeau foncé, parfois presque noir.

Morille comestible

Morchella esculenta

ASPECT Chapeau jusqu'à 6 cm de hauteur, allongé à ovoïde, parfois aussi arrondi, alvéolé par des côtes irrégulières, couleur de miel, jaune d'ocre à brun clair, plus rarement brun-gris; stipe blanc à gris, souvent légèrement courbé ou irrégulièrement comprimé, jusqu'à 9 cm de longueur.
CHAIR Blanche, fragile, inodore, saveur douce.
ÉCOLOGIE De mars à mai sur sol humide dans les forêts mixtes, les forêts alluviales, les parcs et parfois les jardins, souvent cachée dans la strate herbeuse.
COMESTIBILITÉ Excellent comestible, malheureusement devenu assez rare en beaucoup d'endroits. Les vieux exemplaires peuvent toutefois causer des troubles digestifs et sont donc à éviter. À ne pas consommer crue !

PARTICULARITÉS
La Morille comestible est caractérisée par les côtes irrégulières de son chapeau qui lui donnent un aspect alvéolé.

› L'Helvelle crépue *(Helvella crispa)*, non comestible, est remarquable par son stipe blanchâtre profondément sillonné de haut en bas.

Gyromitre commune

Gyromitra esculenta

ASPECT Chapeau brun foncé à brun-rouge, d'aspect très irrégulier, « cérébriforme », charnu, atteignant 8 à 10 cm de largeur ; stipe parfois fortement courbé, blanchâtre à gris blanchâtre, sillonné longitudinalement.

CHAIR Ferme dans le stipe, un peu plus fragile dans le chapeau, odeur aromatique agréable.

ÉCOLOGIE De mars à mai, surtout dans les pinèdes sur sol sableux.

COMESTIBILITÉ Ce champignon contient une toxine dont on prétend souvent qu'elle est détruite à la cuisson ou au séchage, mais qui résiste en réalité à la cuisson. Dans de nombreuses régions, l'espèce est encore consommée, ce qui cause régulièrement des décès, surtout après une consommation répétée.

PARTICULARITÉS
La Gyromitre commune est caractérisée par la structure cérébriforme et non alvéolée de son chapeau. Celui-ci n'est d'autre part jamais creux, contrairement à celui des morilles.

Oreille de Judas

Auricularia auricula-judae

ASPECT Carpophore d'abord irrégulièrement plat, prenant ensuite l'aspect d'un pavillon d'oreille, de 4 à 10 cm de largeur ; face supérieure brun-rouge à brun olive, parfois noirâtre, lisse et veloutée, finement granuleuse, face inférieure brun-pourpre brillant, ridée d'un réseau de veines.

CHAIR Odeur et saveur nulles, gélatineuse, coriace, brun de datte ; dure comme de la corne et brun foncé à noire à l'état sec.

ÉCOLOGIE Toute l'année, mais surtout de septembre à mars sur bois de sureau vieux ou mort ainsi que sur d'autres arbustes et arbres feuillus.

COMESTIBILITÉ Connue de la cuisine asiatique, l'Oreille de Judas est également appréciée en salade. Les exemplaires séchés regonflent à la réhydratation.

PARTICULARITÉS
La face inférieure de l'Oreille de Judas, qui est en réalité brun pourpre brillant, apparaît souvent comme poudrée de blanc par les spores.

› La pézize appelée *Sarcoscypha austriaca,* non comestible, pousse après la fonte des neiges sur bois mort.

Guépinie rose orangé

Tremiscus helvelloides

ASPECT D'abord spatulé à linguiforme, puis en forme de tube ou d'entonnoir, de 6 à 8 cm de hauteur, de rose orangé à rouge saumon ou rouge-brun, base du stipe toujours plus claire à blanchâtre; face extérieure d'abord lisse, puis légèrement ridée, lobée-ondulée à la marge.

CHAIR Rougeâtre, plus pâle que la surface, translucide, gélatineuse, de saveur aqueuse; dure comme de la corne à l'état sec.

ÉCOLOGIE De juillet à octobre sous conifères, dans les lieux humides et ombragés, aussi bien au sol que sur bois enfoui; fréquent par endroits.

COMESTIBILITÉ Comestible, mais pas particulièrement savoureux. Les jeunes exemplaires peuvent aussi être mangés crus, ce qui n'est possible que pour un petit nombre d'espèces.

PARTICULARITÉS
Ce carpophore rouge en forme d'entonnoir est toujours fendu d'un côté sur toute sa longueur, et sa face extérieure présente souvent une nuance violette.

› *Clavulina coralloides*, non comestible, a des rameaux aux extrémités fourchues qui sont souvent comprimées.

Hydne des Alpes ○

Hericium flagellum

ASPECT Carpophore de 30 à 40 cm, blanc, rappelant un corail par sa forme, fixé sur un tronc d'arbre par la base d'où partent de multiples ramifications ; rameaux de 1 cm d'épaisseur environ, anguleux et dressés et garnis d'aiguillons de 2 cm de longueur environ pendant en faisceaux ; rameaux carnés à ocre avec l'âge, les aiguillons restant toutefois blancs.

CHAIR Blanche, molle à élastique ; saveur agréablement douce, mais odeur plutôt désagréable.

ÉCOLOGIE D'août à octobre sur sapins et épicéas en montagne ; espèce certes largement répandue, mais dont les populations sont menacées par la disparition du bois pourri ; a besoin de gros troncs âgés.

COMESTIBILITÉ Ce champignon n'est pas toxique, mais ne doit pas être récolté en raison de sa situation critique.

PARTICULARITÉS
Son habitat sur des sapins encore debout mais en général écorcés est une bonne caractéristique de l'Hydne des Alpes.

> Le carpophore du Polypore en ombelle *(Dendropolyporus umbellatus)*, qui pousse sous hêtres, se compose d'innombrables petits chapeaux.

Sparassis crépu

Sparassis crispa

ASPECT Carpophore rappelant une éponge ou un chou-fleur, pouvant dépasser 30 cm, blanc jaunâtre, jaunâtre ou aussi crème pâle, composé d'éléments fortement frisés, flexueux, rappelant des feuilles.

CHAIR Blanche et fragile ; saveur douce, odeur agréable ; un peu amère avec l'âge.

ÉCOLOGIE D'août à novembre sous conifères, surtout sous pins. Ce champignon est un parasite des racines et est considéré comme provoquant la pourriture brune chez les pins.

COMESTIBILITÉ Le Sparassis crépu jeune est apprécié comme bon comestible par beaucoup de ramasseurs. Mais dans ses anfractuosités se cachent souvent des petites bêtes qu'il est difficile d'éliminer.

PARTICULARITÉS
L'aspect de chou-fleur, les lobes flexueux et l'habitat dans les forêts de conifères au pied de vieux pins sont des caractères importants de cette espèce.

› La Calocère cornée *(Calocera cornea)* pousse sur bois de feuillus. Elle ne dépasse guère 1 cm et est à peine fourchue.

Calocère visqueuse

Calocera viscosa

ASPECT Carpophore de 4 à 8 cm de hauteur, avec une base feutrée de blanc d'où partent des prolongements en forme de racines qui pénètrent jusqu'à 25 cm dans le bois ; rameaux jaune d'or à rouge orangé, d'abord clavés, puis bientôt fasciculés à coralloïdes, divisés à partir de la moitié supérieure en deux ou trois branches, comme des bois de cerf, rarement plus. Les extrémités pointues des rameaux sont collantes au toucher en raison d'un revêtement gélatineux.

CHAIR Élastique, tenace, sans odeur ni saveur ; dure comme de la corne à l'état sec.

ÉCOLOGIE Du début de l'été à la fin de l'automne sur bois mort de conifères, souvent sur des souches d'épicéas recouvertes de mousse.

COMESTIBILITÉ Immangeable parce que coriace, mais pas toxique.

PARTICULARITÉS
La Calocère visqueuse ne pousse que sur bois mort et pourri de conifères. Ses carpophores élastiques et souples ont une surface collante.

Ramaire de Largent

Ramaria largentii

ASPECT Carpophore pouvant atteindre 12 cm de hauteur et 15 de largeur, densément ramifié, jaune à jaune orangé, pâlissant avec l'âge ; tronc court et robuste, crème ou au moins plus clair que les rameaux aux extrémités fourchues.

CHAIR Fragile, blanc sale dans le tronc, jaunâtre ailleurs, saveur douce, coriace avec l'âge.

ÉCOLOGIE En été et en automne sur la mousse sous conifères de montagne.

COMESTIBILITÉ Cette ramaire n'est pas toxique, mais c'est un comestible médiocre. Comme il y a aussi des espèces toxiques parmi les ramaires et qu'il est à peu près impossible au profane de les déterminer avec certitude, il faut renoncer à les cueillir.

PARTICULARITÉS
Sa couleur jaune vif et son habitat sous conifères de montagne différencient la Ramaire de Largent d'autres espèces ressemblantes mais d'un jaune plus pâle ou plus foncé et qui poussent surtout sous feuillus.

Hélotie citrine

Bisporella citrina

ASPECT Sur bois mort de feuillus, on trouve souvent de fortes colonies de ces carpophores arrondis ou en forme d'assiette d'un jaune citron vif. Ils sont portés par un stipe minuscule et atteignent au maximum 3 mm de diamètre.

CHAIR La totalité du carpophore de cette espèce est jaune citron vif. Pas d'odeur ni de saveur marquées.

ÉCOLOGIE De l'automne au printemps, les carpophores jaunes apparaissent en quantité et forment des colonies serrées. Ils poussent sur bois mort de feuillus, souvent sur hêtres et la plupart du temps sur des branches écorcées gisant dans l'humidité; on les trouve aussi sur la section des souches.

COMESTIBILITÉ Ce champignon, de toute façon minuscule, est impropre à la consommation.

PARTICULARITÉS
Grâce à sa couleur remarquable et à son habitat sur bois de hêtre écorcé, cette espèce est facile à identifier.

› L'anamorphe (forme imparfaite) de *Dacryomyces stillatus* est toujours plus foncé. Ses carpophores pustuleux se liquéfient rapidement.

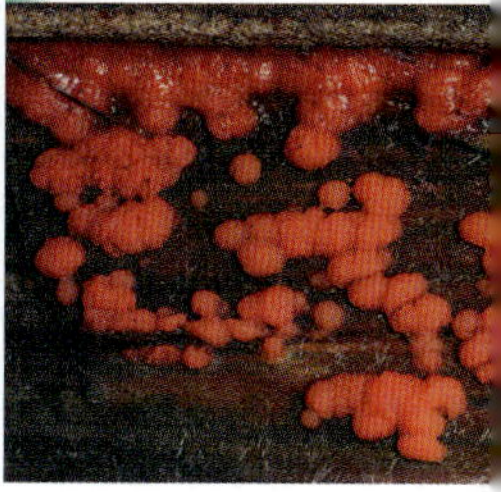

Dacryomyces stillatus

ASPECT Ce champignon apparaît sous deux formes différentes. Les carpophores jaune orangé à jaune d'or de 2 à 3 mm du téléomorphe (forme achevée) ressemblent à de petites pustules irrégulières. Leur surface est légèrement plissée ou chagrinée. L'anamorphe (forme imparfaite), plus fréquent, est un peu plus petit, orange rougeâtre, irrégulièrement sphérique, a une surface lisse et se liquéfie rapidement. Les deux formes peuvent cohabiter.

CHAIR Gélatineuse, molle, sans odeur ni saveur particulières.

ÉCOLOGIE Toute l'année surtout sur bois coupé de conifères, plus rarement de feuillus, ou à la surface de troncs écorcés ; assez fréquent.

COMESTIBILITÉ Immangeable.

PARTICULARITÉS
Les grandes colonies de carpophores pustuleux jaunes ou orange de ce champignon saprophyte se plaisent sur la section des souches.

L'Amanite phalloïde est mortelle, des ramasseurs inattentifs pourraient la confondre...

... avec la Russule charbonnière ou d'autres russules à chapeau vert.

Gare aux intoxications

En Europe centrale, il n'y a guère qu'une bonne douzaine d'espèces mortelles, que chacun devrait bien connaître avant même de commencer à récolter des champignons.

DANGEREUSE BEAUTÉ

Règle générale : il n'y a aucun rapport entre l'aspect et le goût d'un champignon et sa toxicité ! D'autre part, le fait que les limaces ou d'autres animaux mangent impunément un champignon n'est absolument pas un indice de son innocuité.

CONSOMMATION DANGEREUSE

Certains champignons, dont par exemple le Bolet Satan, mais aussi quelques bons comestibles, peuvent causer de graves troubles digestifs ou même des intoxications si on les mange crus. C'est pourquoi nous vous déconseillons formellement de consommer des champignons sauvages crus. En outre, des champignons comestibles peuvent provoquer des intoxications s'ils sont trop vieux. Donc, ne mangez jamais que des champignons jeunes et frais.

› L'Amanite vireuse, mortelle, peut, surtout à l'état jeune...

› ... être confondue avec l'Agaric à pied bulbeux ou d'autres agarics blancs.

› L'Amanite panthère, fortement toxique, a un anneau lisse, mais elle a déjà souvent...

› ... été confondue avec l'Amanite rougissante, qui a un anneau strié.

Glossaire

Aucun ouvrage traitant d'un domaine particulier ne peut faire l'économie d'un minimum de vocabulaire spécialisé, qui rend les descriptions à la fois plus exactes et plus concises. Nous donnons ci-dessous une quarantaine de termes qui risquent de dérouter le lecteur non mycologue. Pour certains d'entre eux, nous renvoyons aux explications données dans les pages générales du début de l'ouvrage, que l'on aura de toute façon tout intérêt à lire avant d'aborder les descriptions des espèces.

adné : cf. p. 7.
alutacé : qui a la couleur du cuir.
campanulé : en forme de cloche.
carpophore : cf. p. 4.
cérébriforme : dont l'aspect rappelle celui d'une cervelle.
clavé : en forme de massue.
conchoïde : en forme de coquillage.
concolore : de la même couleur.
cuticule : pellicule recouvrant la chair du chapeau.
décurrent : cf. p. 7.
détersile : qui se détache facilement.
échancré : cf. p. 7.
excédant : marge excédante = qui dépasse l'extrémité des lames.
fimbrié : finement découpé au bord.
flabelliforme : en forme d'éventail.
gléba : masse contenant les spores de certains champignons (cf. p. 104 à 111).
hyménium : cf. p. 4.
hyménophore : cf. p. 4.
labile : qui n'adhère pas très fortement à son support.
linguiforme : en forme de langue.
mycélium : cf. p. 4.
mycorhize : cf. p. 8.
mycorhizique : qui contracte des mycorhizes.
pérenne : qui peut vivre plusieurs années.
péridiole : sorte de petite capsule contenant des spores.
pulviné : en forme de coussin.
récurvé : retourné vers le haut (se dit de la marge, par opposition à enroulée).
réniforme : en forme de rein.
réticulé : orné d'un réseau.
saprophyte : cf. p. 8.
sessile : fixé sans stipe sur son support.
squame : écaille (chez les champignons : soulèvement d'un lambeau de la chair superficielle).
squamule : petite squame.
squamuleux : garni de squamules.
stipe : « pied » du champignon (cf. p. 5).
vélaire : relatif au voile.
viscidule : faiblement visqueux.
volve : cf. p. 5.

Index des espèces décrites

A–Z

Index des espèces décrites

A–Z

Références photographiques

Pages 2-3 (de haut en bas) : Cèpe de Bordeaux, Agaric à pied bulbeux, Lactaire de l'épicéa, Guépinie rose orangé ; pages 10-11 : Bolets rudes.

Crédits photographiques
Agence Blickwinkel : (Behlert) 9 bas, 94, (Mosebach) 12, (Perseke) 23 g., 97, 99, 117 g., 118 dr., (Schröer) 36 der., (Tomm) 100 g., Garnweidner: 2e couv., 2, 3 ht., 8,9 milieu, 13, 14, 15, 16, 18, 19, 20, 21, 24, 25, 26, 27, 28, 29 dr., 30, 32, 33, 34, 35, 38, 39, 40, 41, 43, 44, 45 g., 47 dr., 48, 50, 51, 52 g., 53, 54, 56, 57, 58, 59 g., 60 dr., 62, 63, 64, 65, 68, 69, 70, 71, 72, 73, 74, 75, 76, 77, 78, 79, 80, 81, 82, 83, 84, 85, 86, 87, 88, 89, 90, 91, 92, 92, 93, 96 g., 98 g., 101 dr., 104, 106, 107, 112, 113, 114, 116 dr., 117 dr., 119, 121, 122, 123 ; Hofrichter : 17, 36 g., 95, 98 dr. ; König : 42 g., 49 g., 52 dr., 116 g. ; Laux : 3 bas, 23 dr., 29 g., 31, 37, 45 dr., 46, 49 dr., 55, 59 dr., 60g., 66, 96 dr., 100 dr., 101 g., 103 g., 108, 109, 115, 118 ht., 120 ; Reinhard : U1, 4, 6, 9ht, lo/11, 22, 42 dr., 47 g., 61, 67, 105, 110, 111.

Direction éditoriale pour l'édition originale : Anita Zellner
Rédaction : Dr. Helga Hofmann
Maquette : H. Bornemann Design
Dessins : Johann Brandstetter

Traduction et adaptation :
Jean Rovéa
Édition française :
Véronique Cezard

ISBN : 978-2-09-278991-9
N° d'éditeur : 10260820
Dépôt légal : août 2021
Loi n°49-956 du 16 juillet 1949 sur les publications destinées à la jeunesse, modifiée par la loi n°2011-525 du 17 mai 2011.
Imprimé en août 2021 en France par Chirat 42540 Saint-Just-la-Pendue - N° 202107.0035